ERES
REEDITABLE

Desbloquea tu sabiduría, cambia tu vida.

Comentarios de los lectores

Entre todas las reseñas que he recibido, he seleccionado algunas de aquellas personas que sé que tenían necesidades reales de transformar sus vidas en el momento que leyeron mi libro. Tener comentarios de personalidades famosas es genial, pero tener opiniones de personas reales llena mi alma, porque para ellas he escrito todo lo que está aquí.

"Bea en este libro pone su corazón, su experiencia de vida y su sabiduría al servicio de todos con una historia fuerte, con contenido concreto, con muchas herramientas para cambiar nuestro sistema de creencias y nuestros hábitos, para llevarnos a cumplir nuestros sueños. Al leerlo, no podremos escapar de nuestra responsabilidad para ser felices y exitosos. Gracias"

Alejandro Famoso

"...esta maravillosa autora menciona que la historia de una desconocida salvó su vida, pero ella con su historia cambió la mía ..."

Concetta Brillante

"Este libro te ayuda a ver tu mundo de otra manera. Te ayuda a hacer variaciones progresivas con respecto a la percepción de la realidad, también con respecto a la forma de afrontar y resolver situaciones de angustia. Te ayuda a tener más confianza en ti mismo, a darle valor a cosas que quizás no parecían tan importantes, y a poner todo en su respectivo lugar. Aprendes a quererte más, a tener más confianza en ti mismo, y a salir adelante dándole un giro a tu vida de 365º y sintiéndote feliz. Es muy importante saber que existen seres que están aquí para apoyarte, y que eres tú el que toma la decisión final de ver el mundo de otra manera. Gracias Bea, por tanto."

Miriam Sucre

"Actual, relevante y concreto, este libro fue distinto a todos los que he leído anteriormente respecto a cómo transformar mi vida utilizando mis pensamientos. Me ayudó a entender cómo funciona la conexión cerebro-emoción para así para crear un presente pleno. ¿Qué tiene de diferente? El amor con que la autora transmite, no solo sus experiencias, sino también las herramientas para convertirme en la persona que quiero ser."

Rocío Vera

"Quiero, de verdad, felicitarte por semejante historia y libro tan maravilloso. Fue un placer leerlo. Tienes muchísimo talento para escribir y atrapar al lector. Pocos autores me tienen ahí pegada con tanta facilidad. Me encanta el estilo, tu forma de expresarte, la sencillez y la profundidad. TODO. Creo que todos deberían leerlo.

Ana Meza

¡Gracias por haber comprado este libro!

En las últimas páginas hay regalos para ti.

Sobre la autora

Bea García Ares es una profesional experta en desarrollo del potencial humano y marketing, nacida en España y criada en Venezuela.

Conferencista transformacional en reprogramación mental, liderazgo, innovación, inteligencia del corazón y el desarrollo de la intuición, entre otros.

Escritora, creadora del Método "Neurolead" y del podcast "Lo puedes lograr". Especializada en expansión, innovación, escalabilidad de negocios y desarrollo de perfiles de alto desempeño, con más de 20 años de experiencia en múltiples categorías y países.

Pionera a nivel mundial y regional en la creación de diferentes tipos de productos. Ha trabajado en empresas como Gillette Int., Jafra Cosmetics Int., Quala, Corpañal etc. Y ha competido con líderes de la talla de Nestlé, Procter & Gamble, Johnson & Johnson y Kimberly Clark, llevando sus más de un centenar de lanzamientos a las posiciones líderes del mercado.

Licenciada en Administración de Empresas, Especialización en Marketing, Diplomada como Psicóloga Positiva y Certificada como Life Coach, entre otros.

Hoy en día se dedica a colaborar con empresas, emprendedores y particulares brindándoles herramientas que les permitan expandir sus negocios, sus vidas y elevar consciencia.

Prólogo

Fue en la cafetería de un hospital, hace muchos años, donde la vida me cruzó con la autora de este libro. Conocerla, definitivamente, marcó un antes y un después en mi existencia.

Por aquellos días, Bea se desempeñaba como la directora de marketing de una importante empresa de consumo masivo, y me había citado allí para una entrevista laboral. Suena extraño, incluso gracioso, pero supongo que andaba siempre con el tiempo justo, y había decidido aprovechar aquel momento, esperando a su médico, para adelantar algunas cosas de trabajo como, por ejemplo, entrevistarme a mí.

Me senté con ella en aquel ruidoso lugar, lleno de gente, y comenzamos a hablar. Inmediatamente, pude notar que tenía una magia especial.

Al cabo de varios días, concluido el proceso de reclutamiento y selección correspondiente, recibí una llamada con la noticia de que había sido seleccionado para el cargo en cuestión. Fue así como terminé trabajando con ella dentro de su equipo de marketing, específicamente en el área de planificación de la demanda.

Sabía que mi trayectoria profesional estaba a punto de cambiar, pero nunca imaginé que aquel trabajo, estando cerca de Bea, traería un vuelco a mi vida en cada uno de sus aspectos.

Soy ingeniero de profesión y siempre había pensado que una de mis mayores fortalezas era la lógica y el sentido común. Me sentía orgulloso y profundamente convencido de que estas dos características eran las que me habían llevado a alcanzar lo que yo consideraba el éxito hasta aquel momento de mi vida. ¡Y vaya que estaba equivocado!

Desde el primer día cerca de Bea comencé a entender que lo que más valoraba de mi forma de ser era, precisamente, lo que más alejado me mantenía de alcanzar mi máximo potencial como profesional y como ser humano en general.

Comencé a notarlo en nuestras conversaciones del día a día, pues, como en toda convivencia, las partes van exponiendo sus creencias y convicciones. En nuestros debates notaba con frecuencia que lo que para mí eran verdades absolutas, para ella eran razones de cuestionamiento.

Un día, durante aquellos primeros encuentros, recuerdo cómo me retó en privado a cuestionar la simple ecuación de dos más dos. Siempre se nos ha enseñado que es cuatro, ¿en qué se basaba ella para cuestionar algo tan evidente? Me preguntó por qué no podía ser cinco, o por qué no podía ser tres. Según mi sentido de la lógica, las matemáticas siempre son correctas, así que mi respuesta inmediata fue: "Sencillamente es imposible". Y su respuesta, nuevamente, fue otra pregunta: "¿Por qué es imposible?".

Aunque este hecho no parezca tener mucha relevancia, la verdad es que desde aquel día comencé a cuestionar todo lo que, hasta aquel punto de mi existencia, había sido irrefutable. Desde entonces, todo en mi vida dio un giro radical para mejor, y lo que se suponía que iba a ser solo una oportunidad laboral, terminó siendo el viaje que más satisfacciones ha traído a mi vida en cada una de las áreas que la componen.

Bea tiene la habilidad de lograr que otros cuestionen lo que siempre han creído verdadero, posee la capacidad de ver soluciones donde otros ven problemas y, más aún, de ayudar a las personas a convertir lo que consideran una dificultad en lo mejor que les puede haber pasado en la vida. Es decir, a convertir ese supuesto problema en un elemento diferenciador de impacto y en un contundente super poder.

A través de los años he podido corroborar, en repetidas ocasiones, su habilidad para tocar la vida de las personas y su capacidad de ayudarles a iniciarse en profundos caminos de transformación, trayendo resultados que originalmente eran impensables.

No solo lo logró conmigo, también veía cómo impactaba y transformaba de forma positiva las vidas de los otros miembros del resto de aquel equipo, que era parte de nuestro día a día, y con los años he podido ver su impacto en un círculo de persona infinitamente más amplio, luego que ambos tomásemos rumbos profesionales separados.

Como jefa, como compañera y como amiga siempre la he visto demostrar a su entorno cuán genuinamente interesada está en mejorar la vida de las personas.

Conocerla me llevó a descubrir mis valores fundamentales, mis objetivos de vida, una nueva forma de ver el mundo y también me llevó a encontrarme con una verdad aplastante, y es que justamente **lo que sabía** era lo que me mantenía alejado de **lo que quería**.

El cambio de consciencia que Bea desató en mí, en conjunto con las herramientas que me proporcionó, me ha llevado a experimentar maravillas que siempre habían estado ante mis ojos, pero que no era capaz de ver por la manera como percibía el mundo.

Entender que las cosas pueden ser completamente opuestas a como las estamos viendo se convirtió en la fuerza motivadora que me llevó a tener una vida plena y en abundancia, consecuencia de haberme convertido en mi mejor versión.

El tiempo que pasé al lado de este maravilloso ser humano, al que tengo la fortuna de llamar amiga, abrió la puerta a todo lo que vino después. No fue inmediato, no ocurrió todo el mismo día, pero aquel ejercicio de dos más dos fue el inicio de una vida llena de logros que nunca hubiesen sido posibles si ella no me hubiese enseñado a desafiar la lógica.

Este libro contiene esas herramientas que le he visto usar para destapar el potencial de aquellos que la rodean. Así es ella, experta en sacar lo mejor de cada ser humano y, desde mi punto de vista, esa capacidad de trastocar vidas es su mayor virtud. Definitivamente, no existen seres humanos como ella en abundancia.

Creo profundamente en todo lo que enseña, y sé que con la información que encontrarás aquí se puede transformar la vida de cualquier ser humano, así como se transformó la mía y la suya propia.

Si lo que deseas es encontrar maneras concretas de llegar a ser tu mejor versión, con los ojos vendados, te recomiendo que te leas estas páginas. La sabiduría de Bea puede ayudarte a que te hagas las preguntas correctas, capaces de acercarte a la vida que sueñas.

Gracias a todo lo que aprendí con ella vivo de la manera que quiero, rodeado de la gente que quiero, sintiendo y pensando como quiero y como nunca pensé que sería posible. Además, al igual que ella, he aprendido a convertirme en una fuente multiplicadora para el resto del mundo, trastocando vidas con mi propia historia, dejando huella e influencia positiva para que el mundo sea un lugar mejor.

Tu vida puede transformarse desde hoy mismo con pequeñas acciones concretas y un simple cambio de perspectiva que, sin duda alguna, este libro te ayudará obtener.

Espero que disfrutes este camino tanto como yo he disfrutado el mío. Hay cosas increíbles esperándote al otro lado de todo aquello que asumes hoy en día como la única verdad de tu vida.

Con cariño,

Miguel Ángel Urbáez

Índice

¿Por qué leer este libro?   5
Introducción   9

PARTE I De cómo una tempestad salvó mi vida   13
    Lección 1: "Tienes que ser feliz"   28
    Lección 2: Aprende a escuchar tu cuerpo   30
    Lección 3: Tus creencias te determinan   32
    Lección 4: Tu entorno te moldea   36
    Lección 5: La vida no corresponde a tus sueños, corresponde a tus exigencias   40
    Lección 6: Cuando el objetivo está claro, los caminos aparecen   42
    Lección 7: No siempre tienes que entender para aceptar   45
    Lección 8: Elige bien a las personas con quienes compartirás tus miedos y tus sueños   48
    Lección 9: Donde menos te lo esperas puedes encontrar la solución, lo importante es buscar   51
    Lección 10: Nuestro cerebro es reprogramable   55
    Lección 11: Confía   58
    Lección 12: Los milagros le ocurren a quienes creen en ellos   62

PARTE II De cómo cumpliste todos tus sueños   69
Los secretos para reprogramar tu cerebro   **75**
    Tu cerebro, tu guardián   75
    Los caminos viejos no llevan a destinos nuevos   84
    Enciende nuevos circuitos   90
    ¿Cuánto tiempo tardará tu reprogramación?   93
Plan de acción (Método Neurolead)   **97**
    Paso 1: CREER   101
       Desata tus sueños   106
       Bloquea temporalmente tu entorno   108
       No dejes que nadie te diga que no puedes   118
       ¿Y si aún no sé lo que quiero?   125
       ¡Eres el relevo!   138
       Cuida tu parcela de felicidad   142
    Paso 2: REPLANTEAR   149
       Asegúrate de que tus sueños sean realmente tuyos   149
       Diagnostica tu situación actual   153
       Define tus objetivos   155
       Define tus "porqués"   174

Paso 3: REPROGRAMAR	177
Entrénate para la felicidad	179
Piensa en lo que quieres y no en cómo lo conseguirás	187
Sé completamente irracional	190
Haz un mapa	201
Visualización creativa	204
El calendario de las "x"	210
Objetos con propósito	213
Audiovisuales para el éxito	217
Calendario de la felicidad	220
Sonríe	223
Distorsiona tu realidad	230
La persona que necesitas ser para tener la vida que quieres tener	238
Elige tu gente	244
Musicaliza tu vida	257
Reinventa los espacios físicos	260
Folio de agradecimiento	262
Enfermedades	266
Edúcate para el éxito	271
Paso 4: ACTUAR	277
Hagamos un repaso	**281**
Este es tu momento	**289**
Bibliografía	**297**

Aviso de exención de responsabilidad:

Este libro pretende inspirar, guiar, educar y entretener expresando opiniones y vivencias de la autora, no dar asesoramiento médico, financiero, legal o psicológico. Consulte siempre con su médico en todo lo concerniente a decisiones sobre su salud antes de comenzar y suspender cualquier tratamiento, o con un profesional experto en la materia que desea tratar. Este libro no debe ser interpretado como una garantía expresa o implícita de ningún tipo. Tanto la autora como el editor, distribuidor, maquetador, diseñador de portada y todas las partes implicadas en la creación y distribución del libro niegan rotundamente su responsabilidad sobre cambios, pérdidas o riesgos a los cuales el lector se someta como consecuencia directa o indirecta de haber leído este libro.

Aviso Legal:

El contenido de este libro no se puede reproducir, duplicar ni transmitir sin el permiso directo por escrito de la autora.

Bea García Ares © Copyright 2021 - Todos los derechos reservados.
Corrección ortotipográfica @AnaLaEditora
Arreglos de portada @cartooons8
RRPP @BlueCherriesPublishers
Primera Edición: mayo 2021
bettybettyga@gmail.com
@beagarciaares

Dedicatoria

A ti, mi querido lector o lectora, por tus ganas de querer convertirte en la mejor persona posible cada día de tu vida.

A mis hijos, Sofía y Lucas, luz mi vida. A mis padres, Amadeo y Marité, por su amor incondicional. A mi hermana Alicia, por ser mi gran soporte en todas las circunstancias de mi vida. A mis abuelos, Manuel y Concha, por haberme dado todo lo que tenían sin medida. A Hans, por haberme ayudado a salvar mi vida.

Desbloquea tu sabiduría, cambia tu vida

Agradecimientos especiales

Agradezco a todos los lectores piloto que leyeron este libro para darme soporte en un momento en que mi mente y mis capacidades se encontraban vulnerables.

Gracias a Alejandro Famoso, Miriam Sucre, Ángela García, Luciana Monzón, Patricia Cruz, Alicia García, Rocío Vera, María Teresa Ares.

Gracias a mi equipo SPAW por creer siempre en mí y apoyarme, especialmente a Concetta Brillante, Elien Machado, Vanessa D'Angelo y Miguel Urbáez.

Gracias a Ana Meza, Carlos López, Aleyso Bridger, Felix Ríos, Gerald Confienza, Ricardo Acosta, Keila González, Johana Herrera, Marcos Maldonado, Yoly Romero, Maca Guzmán, Daniel Zaragoza y Paula Ocampo, por ser parte del proceso de materialización de este libro.

Gracias a Javier Monti, Margaret Molina, Katherine Macías, Virginia Mijares, Daniela Ramírez, Laura Miranda, Natacha Traverso y Russarky Moreno por sus opiniones.

Gracias Armando Ferraro, Lisette Gómez, Karla y Sven Schallies, Hans, Anne y Noemí de Diederichs por su ayuda en el momento más crucial de mi vida.

Desbloquea tu sabiduría, cambia tu vida

¿Por qué leer este libro?

La idea de escribir este libro nació algunos años antes de comenzarlo. En ese período de tiempo, desde que se me ocurrió hacerlo, hasta que comencé a plasmar toda la información en papel, me di cuenta de la gran cantidad de libros de desarrollo del potencial humano que se habían publicado. Muchos de ellos los había leído y, aunque nunca dudé que algún día escribiría el mío, por mucho tiempo me sentí intimidada con la idea de lanzar los aprendizajes de mi vida al océano rojo del mundo literario.

Cuanto más pasaba el tiempo más libros se publicaban y cada vez con mayor frecuencia, todos ellos ocupados en ayudar a las personas a lograr sus sueños, prometiendo una felicidad inquebrantable en el recorrido hacia los mismos.

Todos coincidían en descripciones parecidas cuando se trataba de explicar la forma como debemos pensar y sentirnos en el momento de encaminarnos en la búsqueda de nuestros objetivos; explicando que la calidad de nuestros pensamientos está directamente relacionada con la calidad de nuestros resultados, que cuando te sientes feliz y agradecido con la vida tus vibraciones alcanzan los niveles que necesitas para comenzar a atraer todo aquello que sueñas y que siempre estamos a tiempo de transformarnos en la persona en la cual nos debemos convertir para obtener lo que queremos. Sin embargo, a todos le faltaba algo: ninguno de ellos explicaba cómo convertirse en esa persona.

¿Cómo tener la vibración alta y ser feliz cuando sentimos que no hay razones para serlo? Esos momentos en los que las cosas no están saliendo como quieres, cuando algo en el fondo de tu corazón te dice que hay una vida mejor, pero no sabes cómo acceder a ella.

¿Cómo ser feliz cuando no sabes cómo ir por tus sueños, porque ni siquiera los tienes? Y es que no los tienes porque no crees que seas de esas personas con derecho a tener sueños increíbles, a las cuales le suceden cosas extraordinarias, pues la vida parece haberte demostrado que solo estás hecho para las cosas ordinarias, buenas, pero ordinarias.

Cuando quieres cambiar tu cuerpo vas a un gimnasio, pagas un entrenador, te manda una serie de ejercicios, los haces, y al cabo de un tiempo allí están esos abdominales y esos músculos tonificados, pero cuando quieres cambiar tu cerebro ¿qué haces?, ¿dónde está ese entrenador?, ¿cuáles son esos ejercicios?

¿Cómo hacer para que tu cerebro, el que te ha llevado a donde no querías llegar, te saque de allí y te lleve ahora a un lugar en el que no solo seas mejor, sino extraordinariamente mejor? ¿Cómo hacer que se convierta en el aliado que te ayudará a lograr cosas que solo parecían estar reservadas para personas "tocadas" por la suerte o por la magia de la vida? Y, sobre todo, ¿cómo hacer para que ese cerebro te ayude a disfrutar del recorrido, indiferentemente de los resultados? Pues, como sabemos, llegar a la cima es un pequeño momento fugaz en nuestra existencia, pero el recorrido hasta ella es nada más y nada menos que: toda tu vida.

Es allí donde radica el gran valor de este libro. Él no te dirá en quién tienes que convertirte, te ayudará a descubrirlo por ti mismo, y luego te explicará cómo puedes jugar con la plasticidad de tu cerebro a tu favor para lograr cambios definitivos en tu vida. Ojalá tengas la paciencia para llegar hasta el final porque es allí donde se encuentra el plan de acción y los ejercicios que tienes que llevar a cabo diariamente para cambiar tu salud, tu situación financiera o tus relaciones; pero antes de llegar a esa parte debes comprender sus secretos para dominarlo y no que sea él quien te domine a ti.

Aquí también encontrarás mi experiencia personal, la historia de cómo **logré entrenar mi cerebro hasta cambiar mi biología**, y la de muchas personas más que he podido ayudar a través de los años. Le otorgo un gran valor a las historias de vida porque una de ellas salvó la mía. Eso me hizo entender que, aunque a veces consumimos mucha información, puede ser la historia menos pensada la que da en el clavo y cala en nuestra mente cuando, por alguna razón, las otras no lo lograron.

He sido iluminada por una historia y he iluminado a otros con la mía, por eso sé lo que se siente cuando dices las palabras exactas, esas que el otro necesitaba escuchar para dar un giro a su existencia. Pero también sé lo que se siente cuando eres tú quien está del otro lado, sintiéndote maniatado hasta que, de pronto, alguien con sus palabras desata mágicamente el lazo que te impedía avanzar y por fin puedes correr, incluso puedes volar.

Y tú, si estás leyendo este libro, eres de los que tienen ganas de volar. Quédate aquí, porque quiero ayudarte a desplegar tus alas.

Con cariño,

Bea García Ares.

Desbloquea tu sabiduría, cambia tu vida

Introducción

En este libro explico cómo podemos dar un giro a nuestras vidas en cuestión de días o semanas, siempre y cuando sepamos, exactamente aquello que tenemos que hacer y durante cuánto tiempo lo debemos hacer. Aquí encontrarás las herramientas actitudinales y técnicas que necesitas para que tus procesos de mejora y reinvención sean sostenibles en el tiempo.

En las próximas líneas te hablaré de cómo una situación inesperada dio un vuelco a mi vida en el momento menos pensado y de cómo, gracias a eso, me vi obligada a hacer una especie de reinicio que me ayudó a sobrevivir en la peor "tempestad" de mi existencia. Descubrí herramientas que me ayudarían a reprogramar mi mente y conectar con mi intuición, para así convertirme en la persona que necesitaba ser y conseguir lo que quería alcanzar.

Aunque al principio lo hice para salir de una situación que casi me cuesta la vida, luego aproveché todos aquellos aprendizajes para obtener lo que siempre había soñado, e incluso, aquello con lo que ni siquiera me había atrevido a soñar por no creerlo posible. Todo lo que deseaba para mí comenzó a materializarse rápidamente luego de entender, en un día, lo que no había sido capaz de entender durante toda mi vida, y esto se lo agradezco a mi querida tempestad.

Los temas que se tratan en este libro tienen respaldo científico, pero no por eso quiero aburrirte con un exceso de datos que ya otros han colocado en otros textos. Quiero hablarte de historias basadas en mi propia experiencia y las de otras personas de mi entorno a quienes he tenido el placer y el honor de apoyar desde hace más de una década con sus necesidades de cambio y reinvención. Historias que te inspiren y te sirvan de referencia; además, contadas en un lenguaje cercano y que pueden dejar enseñanzas de aplicabilidad inmediata.

Si hay algo cierto en la vida es que no siempre sabemos cuáles son las cosas que tenemos que hacer para lograr lo que queremos. De ser así no habría tanta pobreza, enfermedades y miseria en el mundo, teniendo en cuenta que vivimos en un universo abundante, bondadoso y que fluye sin esfuerzo.

El objetivo principal de este libro es compartir contigo esas herramientas. Entregarte una guía de reprogramación mental para conectar con soluciones y recursos que te conviertan en la persona que estás destinada a ser si así lo decides. Solo así conseguirás todo lo que quieres lograr, antes de que tu paso por este mundo se termine. No quiero que se te quede nada por hacer.

Aparte de lo que leas aquí, investiga y nútrete por tu cuenta, ve más allá de lo que yo pueda decirte, porque hay mucho más.

Este libro se divide en dos grandes partes. En la **primera** te cuento el resumen de un fragmento importante de mi vida que te servirá de preámbulo para aprovechar mejor todo lo que viene después. Te ayudará a entender hasta qué punto puede cambiar tu vida con lo que leerás aquí.

La **segunda** te proveerá de herramientas prácticas y teóricas. También tiene historias inspiradoras que te que ayudarán a cambiar la tuya, si así lo quisieras. Esta parte se divide en dos fases:

- **Los secretos para reprogramar tu cerebro:** habla de cómo podemos aprovecharlo al máximo para convertirnos en la persona exacta que deseamos ser. Allí se explica cuánto es el tiempo mínimo necesario para provocar cambios positivos y duraderos en nuestra manera de pensar y actuar, cuáles son los principales enemigos del cerebro, las razones específicas por las que al cerebro no le gusta cambiar y los trucos para convencerlo de ese cambio sin que ponga resistencia.

- **Plan de Acción:** esta parte aporta herramientas y directrices claras que ayudan a entender qué tipo de acciones se deben ejecutar diariamente para conducirnos a cualquier sitio a donde deseemos llegar. Aquí conocerás un método infalible para dar rienda suelta a todo tu potencial, y alcanzar lo que sea que sueñes con el método **Neurolead**.

    En esta sección se explica el tipo de hábitos que debes desarrollar, las horas del día que debes usar para desarrollar algunos de esos hábitos si no quieres perder el tiempo y sentir frustración en el proceso. También encontrarás la forma como debe lucir el entorno donde te desenvuelves para que tu cerebro se sienta receptivo y la manera específica de mantener tu realidad distorsionada hasta que se convierta en tu única realidad. Además te explica en qué tipo de situaciones debes dejar la lógica a un lado y cuál es la llave maestra que abre nuestro torrente de neurotransmisores del bienestar, condicionando nuestro cerebro para conseguir el éxito en todas las áreas de nuestra vida.

Todo esto te mostrará que **sigues estando a tiempo de convertirte en la persona que siempre has querido ser**, y yo quiero acompañarte en esa transformación.

Desbloquea tu sabiduría, cambia tu vida

PARTE I
De cómo una tempestad salvó mi vida

Desbloquea tu sabiduría, cambia tu vida

Transcurría un día de semana y eran las 04:00 de la tarde aproximadamente cuando, de pronto, sonó el teléfono de mi oficina. Era mi doctor para decirme que tenía que pasar con urgencia por su consultorio y que me esperaba en aquel mismo momento. Él sabía que estaba en mi horario de trabajo y que no era posible acercarme con tanta inmediatez, sin embargo, insistió en que tenía que ir aquella misma tarde.

Avisé a mi jefa que debía ausentarme el resto del día y con gran temor me dirigí a la clínica donde trabajaba mi médico. Durante el camino intentaba imaginar la razón por la cual me hacía ir hasta donde estaba él, sin embargo, no tenía ni idea de lo que podía estar pasando. Al llegar entré casi de inmediato y allí estaba él, esperándome con la cordialidad de siempre, aunque diría que con un extra de amabilidad esta vez.

Me pidió que me sentara, y fue entonces cuando me dio la noticia que cambiaría mi vida para siempre. Una de esas para las cuales nunca estamos preparados, esas que pensamos que solo le tocan a los demás, a gente lejana como el amigo de un amigo, al vecino o a una de esas personas que salen en un documental en la televisión.

Aquel día me lo anunciaron: se acercaba el final de mi vida.

Para explicar cómo llegué a este punto, con tan solo 27 años de edad, te voy a contar algunas partes de mi historia que, en conjunto con un grupo de creencias equivocadas, diría que fueron las que me llevaron hasta aquel momento. Tal vez te identifiques con algunas de ellas.

De la aldea a la ciudad

Nací en una hermosa ciudad costera al norte de España, llamada La Coruña.

Allí viví hasta los 5 meses de edad cuando mis padres emigraron a Venezuela y me dejaron bajo el cuidado de mis abuelos maternos. Con ellos me mudé a una casa rural en una aldea de Galicia llamada "A Illa", que en gallego significa La Isla, y que recibe este nombre por estar rodeada de ríos. Allí viví hasta los 6 años.

A esta edad mis padres regresaron de Venezuela para llevarme con ellos al nuevo continente y, en aquel momento, me convertí en emigrante por primera vez. Desde el día en que pisé Caracas, hasta que fui adulta, mi vida transcurrió entre estos dos maravillosos países. Estudiaba y trabajaba en Venezuela, pero cada año visitaba a mis abuelos en España.

Éramos la familia europea emigrante típica de antes, un papá que trabajaba y una mamá que cuidaba los niños, en nuestro caso, dos niñas.

Mis primeros recuerdos de Caracas están cargados de mucha gente, ruido y calor. Mi primer hogar fue un apartamento ubicado en pleno centro de la ciudad. Allí comencé a vivir sumergida en una vida llena de control que nada tenía que ver con la libertad de mi pequeña aldea, en la cual no había más de cien habitantes y donde el único peligro era cruzar la carretera sin mirar.

Nunca sabré lo que pasó por la cabeza de mis padres al recibirme de vuelta en sus vidas, solo sé que desde el momento que nos reencontramos todo se volvió confuso en mi mundo. Empecé a sentir que lo que para mí siempre había sido considerado "normal", para ellos no lo era.

Nuestra convivencia, luego de un vacío de 6 años en el medio, se convirtió en una corrección constante hacia mi manera de ser, como si conmigo hubiese que hacer un borrón y cuenta nueva.

Supongo que por esta razón crecí bajo una educación sumamente estricta y controlada, enfocada únicamente en el estudio y el trabajo. No había espacio para ninguna otra actividad que diese cabida a la posibilidad de que me convirtiese en alguien que, para ellos, no encajase bajo los estereotipos que consideraban correctos.

No era difícil imaginarse de dónde venía esta idea de crianza. Provengo de una familia materna que creció en internados católicos costosos, donde lo más importante era la buena educación. Y, por otro lado, vengo de una familia paterna en el otro extremo social, donde lo más importante era trabajar y sobrevivir, allí no había tiempo para ir a la escuela.

Durante mi infancia y mi adolescencia eso era lo que hacía: estudiar mucho y trabajar algo en casa, aunque la prioridad siempre estuvo en la vida académica. Durante todos esos años, nunca tuve un fin de semana libre o de poder quedarme en casa, siempre estaba en el trabajo de mi papá. No podía ir a fiestas con amigos, tener visitas, ni tener ninguna otra actividad social, exceptuando ir a la escuela. Tampoco podía tener un *hobby*, hacer un deporte, ver televisión o tener juguetes, aunque debo decir que sí tuve un par de muñecas: una *Barbie* usada y una *Nancy* nueva.

El cien por ciento de mi tiempo estaba enfocado en estudiar -y reestudiar- todo lo que me daban en la escuela. Supongo que esa era la mejor manera que mis padres tenían para demostrarme su amor y su interés en mi desarrollo.

Tal vez esto haga pensar que, con tanto tiempo para dedicarme a la educación formal, era la mejor de mi clase, pero no era tan así. Era del promedio y, aunque el colegio era mi sitio preferido por ser el único lugar donde veía a otra gente, la verdad es que pasaba más tiempo pensando cómo salir de aquella vida, que estudiando.

Así que, con más o menos 7 años, reuní unos cuantos productos que había en casa para limpiar cuero, los metí en una caja y me dispuse a huir de allí. Pretendía irme a la calle a trabajar como limpiadora de zapatos, pues este era el único oficio que había visto hacer a otros niños de mi edad. Sin embargo, mi madre me descubrió saliendo por la puerta y lo impidió.

En vista que no pude escapar de aquella manera, a los 8 años, aproximadamente, pensé en suicidarme tomándome un desatascador de tuberías líquido, recuerdo que su marca era "Diablo Rojo". Sin embargo, luego de leer la etiqueta del empaque perdí el valor. Pensé que, si por mala suerte sobrevivía, sería muy doloroso recuperarme.

Ya que aquello tampoco era una opción, intenté escapar de mi realidad enfermándome, y lo logré. Sin embargo, más allá de cumplir mi objetivo y escapar de la situación que vivía, mis malestares empeoraron mi calidad de vida, pues con ellos llegaron nuevas restricciones que, según las creencias de mis padres, me ayudarían a mejorar más rápido, pero no fue así.

Con 16 años, nuevamente pensé en irme de casa, sin embargo, siendo ya casi una adulta, sabía que vivir por mi cuenta no sería sencillo sin la ayuda económica de mis padres. Además, seguramente tendría que olvidarme de ir a la universidad y eso no era una opción para mí. A esta edad comencé mis estudios superiores y, por fin pude tener un poco más de contacto con el mundo exterior. Conseguí un empleo a escondidas en la escuela de una amiga, allí daba clases a alumnos que necesitaban recuperarse en algunas asignaturas escolares. Ya empezaba a respirar un poco fuera de la "caja de cristal" en la cual mis padres querían mantenerme para protegerme.

A los 18 tuve mi primer trabajo formal, y me encantaba lo que hacía. Aunque era un ambiente sumamente tóxico lo toleré por años, creyendo que era uno de los precios que tenía que pagar por no tener experiencia.

A los 22 me comprometí en matrimonio y dos años después me casé. Yo crecí diciendo que nunca me casaría, pero creo que fue más fuerte la creencia de que tenía que hacerlo, que mi convicción de que tenía derecho a esperar el momento apropiado.

No todo fue tan malo como suena. A pesar de que quería esfumarme de aquella vida, en el fondo, tenía la capacidad de darme cuenta de lo afortunada que era, especialmente si me comparaba con otros. Tuve siempre las necesidades básicas cubiertas, una buena salud en general, una buena educación, una familia sin "fracturas", sin separaciones, sin muertes cercanas y que me quería, aunque no lo demostraran como yo deseaba, si no como ellos sabían hacerlo.

Tuve una madre y un padre que entregaron todo lo necesario para sacarme adelante, sin que sintiese la falta de nada. Y unos abuelos que sufrían en la distancia por tener que convivir con la idea de haberse perdido la posibilidad de estar conmigo al haber emigrado.

Por otra parte, siempre tuve una gran cantidad de amigos que eran como esa familia con la cual realmente podía ser yo. También tuve trabajos que me gustaron y parejas que me quisieron, me respetaron y me valoraron; además de mi hermana, Alicia, que llegó a mi vida cuando casi tenía diez años de edad, y gracias a la cual me he sentido acompañada desde entonces.

A mis 24 años, además de estar casada con un gran hombre y tener un buen trabajo, ya tenía casa, automóvil y libertad, aunque no sabía muy bien qué hacer con ella. **Tenía todo lo que me habían dicho que tenía que tener para ser feliz**, así que pensaba que lo era. Me habían enseñado que quien tuviese todo aquello, obligatoriamente, tendría que sentir que se encontraba en la vida perfecta y que ya no había nada más que buscar, aparte de seguir mejorando en cada una de esas áreas.

Aun con todo eso yo me sentía incompleta, pues también me habían enseñado que nada era suficiente nunca. Estaba acostumbrada a no sentirme satisfecha con mis logros, a no hacer pausas, a no disfrutar el recorrido, a que siempre hacían falta más cosas para estar bien: más dinero, otra casa, otro coche, otro cargo más alto, etc.

Constantemente tenía una fuerte sensación de que todo lo que lograba era a través de mucho esfuerzo, y también una creencia casi imperceptible de que yo no era nadie especial y nunca lo sería. Por todo esto, no había opción de que a mí me tocara vivir cosas extraordinarias, fáciles, divertidas, inesperadas o "gratis", como le pasaba a otra gente.

No me sentía con ningún don especial o algo que me hiciera, significativamente, resaltar en ningún ámbito a pesar de que mis resultados en los estudios superiores eran muy buenos y era sobresaliente en mi trabajo.

Siempre esperaba que el reconocimiento viniese de otras personas que representasen algún tipo de autoridad para mí, por ejemplo: profesores, jefes, padres, etc. El hecho de que otros no reconocieran que mi esfuerzo era superior al de las personas del entorno reforzaba en mí la idea de que yo no poseía ninguna manera de sentirme talentosa.

Sin embargo, cuando había algún reconocimiento -porque sí hubo muchos-, tampoco le daba demasiada importancia porque, para la Bea de antes, un reconocimiento no era motivo de celebración, solo era una razón para trabajar aún más y no defraudar a quien me había reconocido.

Jamás podía detenerme, había demasiada gente a la que no podía decepcionar, en especial a mi papá, quien nunca celebraba nada de mí. Si, por ejemplo, me faltaba un punto para sacar la calificación máxima en la escuela, me decía que no era suficiente, que tenía que sacar la máxima; pero si sacaba la máxima tampoco era suficiente, habría que esperar a ver las calificaciones del futuro para saber si aquello no era un golpe de suerte. Me enseñaron que en la vida nunca se podía descansar, nunca se podía confiar.

Evidentemente, mi padre, a quien considero la guía principal de mi educación y estructuración de valores, no hacía nada de esto para dañarme, lo hacía para retarme, para que no me descuidara o no me abandonara.

Lo hacía porque así le enseñaron a él. A través de sus acciones, no estaba más que transfiriéndome la creencia limitante que más daño le ha hecho a la humanidad, la misma que él y mi madre, evidentemente, también habían heredado, me refiero a: **la castrante creencia de que no somos suficiente.**

Me habían enseñado que yo estaba allí para "hacer", casi daba igual si lo que hacía me conducía a algún lado o no, lo importante era mantenerse en acción, como en el entrenamiento de un servicio militar. Levantarse temprano, acostarse tarde, comer apurada, llegar siempre corriendo a los sitios.

Mi vida era agitada por donde se le mirase. Era como una carrera contra el tiempo donde se suponía que haciendo algo de forma continua quedaba "garantizado" un futuro de éxito. Por eso me gradué rápido de la escuela y de la universidad, empecé a trabajar muy joven y me casé también joven.

Había un sentimiento permanente de que cuanto antes hiciera lo que tenía que hacer, antes llegaría a donde tenía que llegar y más rápido podría descansar sobre ese éxito del que tanto había escuchado hablar durante toda mi vida. Aquella mentalidad no me permitía darme cuenta de que por aquel camino no había ningún lugar a donde llegar y que no había nada más parecido a un ratón corriendo sobre una rueda que yo.

Se me estaba escapando lo más importante, se me estaba yendo el momento presente sin sospechar que estaba a pocos años de descubrir que **el futuro, para el cual tanto me estaba preparando, tal vez no existiría nunca.**

La creencia de que no somos suficientes y que si hacemos lo que todo el mundo hace —pero más rápido y mejor— nos va a traer la vida soñada, es algo que nos insertan como un *chip* desde que nacemos.

Esto lo hemos heredado en conjunto con otras ideas igual de dañinas como, por ejemplo: "nada en la vida es fácil", "para obtener lo que quieres hay que esforzarse y sufrir", "si algo es fácil, preocúpate", "mira cómo hacen los demás, deberías hacer lo mismo", "no hay tiempo", "no hay dinero", "si nadie lo ha hecho antes, por algo será", "te va a ir mal si no lo haces como los demás", etc. Puede que reconozcas algunas, en mi caso estuvieron todas esas y más.

Con mi cabeza llena de millones de reglas, sabiendo más cosas que no se podían hacer, que las que sí se podían hacer, transcurrió mi infancia, mi adolescencia y la parte más temprana de mi edad adulta.

Así me convertí en una persona de esas a las que suelen llamar de "carácter fuerte" y también en una *workaholic*, o adicta al trabajo, muy parecida a mi papá y no por casualidad. Yo también era rígida con respecto a ciertas posiciones frente a la vida y sentía que tenía en mis manos la fórmula para obtener el éxito (tal como me habían enseñado a verlo), la prueba estaba en que ya iba con más de la mitad del camino avanzado y las metas logradas, en aquello que parecía el *rally* de mi vida.

La fórmula parecía que era trabajar y estudiar sin descansar, sin pensar, y sin importar lo que se quedara en el camino; por eso, la mayor parte de mi enfoque diario estaba colocado en la consecución de mis objetivos profesionales.

A pesar de la seguridad que sentía poseer con respecto a algunas áreas de mi vida, me sentía muy frágil y temerosa en otras, especialmente en aquellas que pensaba que no podía controlar como, por ejemplo, los desastres naturales, las enfermedades o cualquier otra cosa que sintiera que atentaba contra mi existencia.

Le tenía miedo al SIDA, al cáncer, a quedar embarazada y a cualquier cosa que, de alguna manera, significara perder el control sobre el rumbo de mi vida para siempre. Como la mayoría de la gente, pasaba demasiado tiempo preocupándome por situaciones que nunca sucederían.

El punto de inflexión

Un día, a la edad de 27 aproximadamente, y ya tras varios años de matrimonio, llegó aquel momento donde mi ginecólogo me llamó a mi oficina para conversar acerca de los resultados de mis últimos exámenes médicos. Él nunca me llamaba, solía esperar a que yo lo llamara, entonces pensé que nada bueno podía estar pasando y, aunque no sabía qué era, tampoco creí que fuese demasiado grave.

Al llegar allí me dio la noticia que cambiaría mi vida para siempre. Ese día **me anunciaron que estaba diagnosticada con cáncer en el cuello uterino.**

En aquel momento sentí muchas cosas al mismo tiempo, pero solo recuerdo las más importantes.

Lo primero fue la negación. Quise pensar que aquello, definitivamente, no estaba pasando. Algo tan "malo" no me podía estar sucediendo a mí, seguramente era una pesadilla que acabaría con un repentino despertar. Sin embargo, pronto me di cuenta que era real y que sí, estaba allí sentada frente a mi médico escuchando cuáles eran los pasos a seguir en casos como el mío.

Mi falsa creencia de que la vida era esfuerzo por donde se le mirase, encontraba la mejor evidencia para ser respaldada en aquel momento. Recuerdo haber pensado que, si hasta aquel día todo me había parecido difícil, aquello no había sido más que el comienzo; al menos si lo comparaba con lo que suponía que estaba por venir ahora que tenía una enfermedad incurable.

De todas las enfermedades de las que hubiese podido padecer, ésta era a la que más miedo le tenía. La había visto años atrás de cerca, en la madre de uno de mis mejores amigos, había visto cómo ella se había ido consumiendo en el dolor con un cáncer de pulmón. No conocía a nadie que se hubiese curado nunca, exceptuando a un jugador de béisbol muy famoso llamado Andrés Galarraga que para mí no contaba, pues era un caso aislado entre miles.

Cuando estaba allí sentada, escuchando lo que mi médico me decía, hice un repaso involuntario de mi vida, empezando desde mi infancia hasta ese instante en el que me encontraba. Entonces, me di cuenta de lo rápido que se me había pasado y de todo lo que se me había quedado sin hacer. No fue sino hasta aquel preciso momento que tomé conciencia de que solo me había dedicado a trabajar.

Lo peor no era el no haber tenido una vida "despierta" haciendo otras cosas que llenaran mi alma -aparte de trabajar-, lo peor es que nunca me había dado cuenta de que aquello me estaba pasando, hasta que recibí ese baño de agua fría. Vivía una rutina "robotizada" sin saberlo, creyendo que eso era lo normal, que así era la vida.

De pronto, sentía como si durante toda mi existencia hubiese llevado puesto un casco magnético sin saberlo. Uno que estaba conectado a mi cerebro y con un programa precargado que me hacía creer que todo lo que veía era lo único real.

Este casco mandaba órdenes e Ideas, constantemente a mi subconsciente, indicándome cómo actuar sin cuestionar: "Trabaja mucho, cásate, ten hijos, haz todo el dinero que puedas, sigue, no pares, no descanses, aún falta mucho". Solo ante la posibilidad de haber llegado al final de mi vida se inició la desactivación de aquel aparato, y se interrumpió la transmisión.

Vivir este momento fue lo que único que me hizo darme cuenta de que mi manera de ver la vida, desde que nací, no era más que un único enfoque de la realidad, y estaba 100% condicionado por mi entorno, sin querer.

Este "casco" lo tenemos todos y pocas veces sabemos desactivarlo. Se llama: creencias. En mi caso, quedaba claro que algunas de ellas me estaban destruyendo, al punto que llegué a enfermarme. Con esto no estoy diciendo que son las creencias las que nos hacen daño, sino el significado que les damos y las emociones que nos permitimos tener con respecto a dichas interpretaciones.

En ese momento pensé que, si por un milagro lograba sobrevivir, tendría una vida tan feliz que nunca más volvería a lamentar la llegada de la muerte, incluso si esta apareciese de manera inesperada nuevamente. Esta vez habría disfrutado tanto de cada minuto de mi existencia, haciendo cada cosa a su tiempo y sin dejar nada para después, que no habría lamentaciones ni arrepentimientos como los que estaba teniendo en aquel instante.

Lo otro que puedo recordar de aquel día es que, justo antes de irme del consultorio, le pregunté a mi ginecólogo cuántas de sus pacientes se habían muerto de lo mismo que tenía yo. Él quiso reenfocar mi atención en otra cosa para no responderme, pero yo insistí, como siempre, enfocándome en lo peor que me podía pasar. Era mi manera de prepararme para el "golpe".

Él solo contestó que no todas se morían, y que tampoco tenía porqué morirme yo, que había opciones para mí antes de pensar en que eso podía llegar a pasar. También dijo que, al ser cáncer de cuello uterino, quedaba la opción de sacarme el útero antes que todo empeorara más.

Lo que yo estaba entendiendo era que solo podían pasar dos cosas: o me moría o, en el mejor de los casos, nunca podría llegar a ser madre. Aunque para aquel momento no quería serlo, me entristecía profundamente saber que no tendría elección en el futuro.

Luego de aquella conversación con mi médico, consideré que ya sabía todo lo que tenía que saber con respecto a lo que me pasaba y no quería hablar más del tema. Tenía el panorama lo suficientemente claro, y era terrible.

Tomé mis cosas para irme y me levanté de la silla, estaba totalmente aturdida de solo pensar en el futuro que me quedaba por delante. Quería salir rápido de aquel consultorio para no ponerme a llorar delante de mi doctor.

Cuando ya casi me marchaba, él se apresuró para despedirme y darme uno de los mejores consejos que jamás me han podido dar en la vida y fue justo en el momento que más lo necesitaba. Fue allí donde comenzaría mi más grande transformación como ser humano, y donde llegaría la primera lección y el primer regalo, de todos los regalos que esta enfermedad dejaría en su paso por mi vida. Me dijo: "Bea, tienes que ser feliz".

Lección 1: "Tienes que ser feliz"

"El pájaro no canta porque está feliz, está feliz porque canta". -Dr. William James-

---

El doctor me explicó el impacto que tiene nuestra manera de pensar en nuestra salud y la forma como el estrés nos perjudica y nos sitúa en una posición vulnerable, más aún, teniendo una enfermedad como el cáncer.

Me dijo que cada momento de mi vida donde me permitiese estar triste, asustada o preocupada por todo lo que me estaba pasando, se convertía en una oportunidad para que las células cancerígenas siguiesen propagándose. Me explicó que este tipo de células se reproducía mucho más rápido que las sanas.

En resumen, me estaba diciendo que cada vez que tuviese una emoción que me hiciese sentir mal (emoción de baja frecuencia) mi enfermedad empeoraría. Y cada vez que tuviese una emoción que me hiciese sentir bien (emoción de alta frecuencia) mi salud podría mejorar.

Con la gran cantidad de estudios que existen hoy en día, respaldando y hablando de como nuestros pensamientos y nuestras emociones son capaces de modificar la bioquímica de nuestro cuerpo, parecía increíble que en aquel momento yo no supiese nada del tema. Por el contrario, decir que mis pensamientos podían cambiar mi salud me sonaba a fantasía. Sin embargo, en vista de que aquel comentario provenía de un médico a quien respetaba mucho, decidí no descartarlo de buenas a primeras y elegí creerle, porque, para ser honesta, tampoco tenía más nada a lo cual aferrarme. Sabía que los tratamientos médicos convencionales no eran la solución en todos los casos.

Sin emitir una palabra más, me despedí y salí caminando por el pasillo de aquella clínica mientras pensaba: "¿Ser feliz?, ¡pero si yo soy feliz! No me falta nada".

Si así no era la felicidad entonces ¿cómo era?

Aunque no sabía bien qué pensar, en el fondo, mi intuición me decía que algo había estado haciendo mal. Por alguna razón, estaba completamente segura que no podía echarle la culpa de mi enfermedad a ninguna situación externa. La causa no había sido la alimentación, el consumo de algún producto inapropiado o algún otro factor del medio ambiente. Algo me decía que la causa estaba dentro de mí.

Comencé a reconocer que mis niveles de estrés eran sumamente altos y a incorporar la idea de que tenía que estar tranquila e intentar ver las cosas desde otra perspectiva.

Además, no tenía mucho tiempo, debía aprender rápido si quería sobrevivir porque antes de terminar de salir del pasillo de la clínica yo ya había decidido que iba a vivir. No sabía cómo lo lograría y no tenía ninguna solución prevista para solventar mi problema, sin embargo, aquella fue una de las decisiones más irrevocables y seguras de toda mi vida.

Decidí que mi existencia no podía terminar así, sin haber hecho todas las cosas que, de repente, aquel día se me habían ocurrido que quería hacer. Tampoco me quería quedar sin aquellas que había ido postergando para cuando hubiese un momento "mejor". **Entendí que no había momentos mejores, solo había momentos, y de nosotros depende aprovecharlos o simplemente dejarlos ir, vacíos.**

Lección 2: Aprende a escuchar tu cuerpo.

El cuerpo grita lo que el alma calla.

———

A pesar de mi determinación por vivir, no sabía por dónde empezar a buscarle una solución a lo que me estaba pasando. Entonces recordé que había tenido una jefa que siempre hablaba de escuchar el cuerpo.

Yo no sabía lo que significaba, pero desde hacía mucho tiempo ya, antes del cáncer, quería entender lo que ella me decía porque me daba cuenta que esta persona podía ver cosas que estaban más allá de las que yo era capaz de ver. Además, nunca se enfermaba y todo le iba de maravilla en su vida, así que empecé a pensar mucho en mis conversaciones con ella con la esperanza de que aquello me ayudara. Sin embargo, seguía sin idea de cómo "escuchar" al cuerpo.

Hoy en día sé que no es más que ponerle atención, hacer caso a tus instintos y a todo aquello que pareciera que está pasando dentro de ti y que aun así descartas porque tu lógica te hace creer que no es real. Es parte de un proceso de autoconocimiento que dura toda la vida, pero del cual pueden obtenerse resultados desde el mismo día que se empieza a ensayar.

Entendí que si, por ejemplo, sientes que algo te duele como si estuviese ardiendo, es porque posiblemente algo se esté quemando en ti. No es una metáfora, es literal. Puede ser una úlcera, gastritis o cualquier cosa que se asemeje a una sensación de ardor.

Si sientes que un hueso está haciendo fricción con otro, es posible que así sea; si sientes que necesitas descansar, es porque lo necesitas; si sientes que necesitas ejercitarte, también. La relación con tu cuerpo es mucho más sencilla de lo que parece, simplemente debes hacer caso a sus avisos y no forzarlo a situaciones que no quiere aceptar. Él es sabio y está lleno de controladores y detectores internos que lo cuidan, lo regeneran y te piden cosas constantemente, por ejemplo: agua, ejercicio, alimentación y descanso. Tu función es dárselas.

En mi caso, había sentido como si algo en la parte baja de mi vientre estuviese muriendo, y no estaba equivocada, sin embargo, no le hice caso a pesar de haber tenido esta sensación durante varios meses.

Lección 3: Tus creencias te determinan

"Sólo cuando la mente está libre de ideas y creencias puede actuar correctamente". -Jiddu Krishnamurti-

---

Cuando comencé el proceso de aprender a comunicarme con mi cuerpo para poder cambiar lo que me estaba pasando, me di cuenta que al principio no era capaz de "escuchar" nada y solo con el tiempo pude entender la razón: había demasiado ruido afuera.

Por aquellos días en los cuales me habían diagnosticado cáncer, trabajaba en una importante empresa de gran consumo/consumo masivo, en el área de marketing y, días antes de saber la existencia de mi enfermedad, me habían ofrecido la oportunidad de trasladarme a otra ciudad con un cargo mejor. Yo había aceptado sin imaginar que luego tendría que irme con aquel diagnóstico bajo el brazo.

Poco antes de marcharme surgió una segunda oferta de trabajo que me brindaba la oportunidad de quedarme en la ciudad donde estaba, conservando todos mis beneficios laborales y pudiendo permanecer al lado de mi familia y esposo. Entre los beneficios de esta oportunidad se encontraba el hecho de que quien me ofrecía el trabajo era uno de mis mejores amigos de la universidad, lo cual hacía lucir todo muy sencillo, fluido, familiar y diría que hasta divertido. ¿Trabajar con uno de mis mejores amigos de jefe? ¡Mejor imposible! Pero entonces afloró una de mis muchas falsas creencias: pensaba que en la vida todo era sacrificio, todo era difícil y si algo se veía fácil era sospechoso. ¿Dónde estaba la trampa, las letras pequeñas del "contrato"? ¿cómo me iba cobrar aquello la vida después?

Esta oferta no sonaba a esfuerzo, por el contrario, sonaba fácil y eso no era a lo que yo estaba acostumbrada. Pensaba que solo tenían valor las cosas que se construían con base en el esfuerzo y la lucha.

En aquel caso no habría un largo proceso de entrevistas, interminables exámenes de ingreso, medición del coeficiente intelectual y todas las cosas que tenía que hacer siempre antes de empezar un trabajo nuevo, pues él ya me conocía y sabía de lo que yo era capaz. En este caso solo tenía que decir "sí" o "no".

Sin embargo, yo pensaba que si aceptaba este trabajo habría consecuencias graves, pero no sabía cuáles serían. Tal vez no iba a aprender nada nuevo allí, no estaría rodeada de gente lo suficientemente profesional o, al ser una empresa poco reconocida, podría restar valor a la trayectoria profesional que mostraba mi currículum. Por todo esto, rechacé la oferta y decidí irme a la otra ciudad, aceptando la propuesta que me habían hecho en el trabajo donde ya me encontraba.

Dicho de otra manera, elegí la opción que significaba más sacrificio, como hacía siempre. Además, de nuevo lo estaba haciendo: a pesar de lo asustada que me encontraba debido a la idea de saber que tenía cáncer, una vez más, puse el trabajo por encima de mi salud, incluso sabiendo que esto podía conducirme a la muerte.

Al estar sola en aquella nueva ciudad y sin nadie esperándome en casa, mi vida se volcó en el trabajo de una manera más absurda aún -si es que aquello era posible-, no porque lo hubiese elegido de una manera consciente, sino porque las exigencias de aquel trabajo me llevaban a aquel ritmo de vida. Hoy, mirando esto en retrospectiva entiendo que, tal como dice el refrán popular, "Dios los hace y ellos se juntan". Las empresas que no respetan la vida de los empleados se encuentran con trabajadores que no hacen respetar sus vidas. Entre esos empleados estaba yo, pasando hasta cuatro madrugadas seguidas en mi trabajo y sin dormir más de dos horas cada noche. Incluso sabiendo que mi enfermedad estaba allí dentro de mí yo seguía con una vida totalmente desequilibrada.

En aquel entonces todavía no era capaz de darme cuenta de que en este mundo cada quien pone sus propios límites, y **cuando no pones límites puede que los demás te invadan,** no importa si los demás son empresas, parejas o gobiernos. Si tú no marcas la línea, nadie lo hará por ti. Las organizaciones y los jefes no son los "malos de las películas", ellos simplemente conectan con lo más similar a sí mismos que puede existir en su entorno. Este no era un sitio donde los jefes estaban "bien" y los demás estaban "mal". Era un sitio donde todos estábamos fuera de control, con relaciones personales rotas en la mayoría de los casos y con, al menos, una visita de gravedad al hospital durante el tiempo que trabajamos en aquel lugar.

Mis noches sin dormir, todas las veces que no me daba tiempo de comer y las semanas sin ver a mi esposo y a mi familia, las sentía en cierto modo justificadas cuando llegaban los estudios de medición y cuotas de participación de mercado. Entonces, podía comprobar, con orgullo, la manera como mis marcas iban alcanzando las posiciones de liderazgo en sus categorías. Sin embargo, y por mucho que toda esta historia suene a sacrificios exagerados (que sí lo eran), también debo reconocer que aquella era mi zona cómoda, como la de todos los adictos al trabajo. En cierto modo, mi traslado a esta nueva ciudad, el cual me mantenía ocupada en cosas nuevas, se había convertido en la escapatoria perfecta para estar entretenida y no tener que enfrentarme a la idea de que tenía cáncer.

Me decía a mí misma que quería aprender a escuchar mi cuerpo, pero la verdad sentía miedo de lo que este tenía que decirme. Ni siquiera ante una amenaza de muerte me detenía a pensar lo que podía y debía cambiar en mí para sobrevivir.

Toda mi atención estaba puesta en lo que pasaba en el exterior, pues era más fácil seguir poniendo mi enfoque en el empleo y en todo lo que sí sabía controlar, antes que pensar en lo que tenía que cambiar en mí para curarme.

Lección 4: Tu entorno te moldea

"Una célula está regida por el entorno físico y energético, y no por sus genes".
-Dr. Bruce Lipton-

———

Un día, luego de haber hecho una presentación al CEO de la empresa, salí con mis compañeros de trabajo a celebrar. A la mañana siguiente me levanté extremadamente cansada, no porque tuviese cáncer, sino porque nunca me daba tiempo de dormir suficiente. Noté que me estaba debilitando.

Comencé a entender que aquel trabajo cumplía la misma función que cualquier otro vicio o adicción: escapar.

Me proveía placer instantáneo, aunque el problema de fondo permanecía intacto. En el caso de otras personas, esta **necesidad de escapar** puede ser satisfecha por un exceso de televisión, redes sociales, juegos de azar, alcohol, comida, drogas o cualquier cosa que le ayude a distraerse de una situación que no desea enfrentar.

La diferencia entre el trabajo y este segundo grupo de cosas es que el primero nos da dinero y además está bien visto por la sociedad, el resto de las cosas nos lo quita y, sumado a eso, no son consideradas como buenas prácticas desde el punto de vista social. Sin embargo, poniendo el factor económico y social de lado, el trabajo puede ser tan dañino, adictivo y devastador como cualquier otro vicio o adicción, cuando se lleva a cabo en exceso y con la energía equivocada.

En mi caso, estaba haciendo lo posible por quedarme en la famosa *zona de confort* o zona conocida a toda costa. Parece que cuanto peor nos encontramos es cuando más queremos refugiarnos en ella. Nos cuesta mucho aceptar que el **hecho de que sea conocida no necesariamente la hace segura.**

Preferimos seguir allí sintiéndonos mal, antes de enfrentarnos a algo nuevo. Preferimos aferrarnos al pedacito de bienestar que aún nos queda, incluso estando seguros de que todo va a terminar peor de lo que ya está o cuando sabemos que el precio a pagar puede ser perder nuestra propia vida. Por eso vemos a tantas personas que podrían salir de una enfermedad o de una situación que los deteriora cambiando algo muy pequeño como podría ser un tipo de alimento o hacer algún ejercicio y, aun así, eligen no hacerlo. **Cuando sentimos miedo necesitamos refugio, incluso cuando el refugio es una trampa mortal a largo plazo.**

Mi peor problema no era que estaba dispuesta a darle demasiado de mí a aquel empleo, aunque eso significara poner en riesgo mi vida, lo peor es que el sistema siempre me pedía más y desde hacía rato venía superando mi capacidad de dar.

Yo no quería pasar más noches sin dormir, días sin comer, ni más tiempo sin ver a mi familia; sin embargo, cuando intenté poner límites ya era demasiado tarde, pues aquella era la dinámica de aquel sitio y, para ser honesta, yo tampoco hice mucho esfuerzo por defender mi espacio.

Finalmente, para mí aquello era lo normal. Había crecido viendo a mi padre y abuelos trabajar de la misma manera, dejándome claro que quien no lo hacía fracasaba. Aunque comenzaba a sospechar que podía haber otras maneras de vivir, en aquel lugar no podía explorarlas.

No podía ir más despacio si todo iba tan rápido, no podía escucharme siendo todo tan ruidoso, tampoco anclarme a nadie que me proporcionase calma estando todos tan alejados de su paz interior. Aunque pensé que podía ser más fuerte que todo aquello y trabajar en cambiarme por dentro sin importar lo que pasara por fuera, me di cuenta que los entornos nos moldean.

Al igual que una gota de agua parece débil ante una roca y sin embargo la perfora con el tiempo, de la misma manera los entornos parecen ajenos a nosotros y aun así nos transforman, haciendo que nos parezcamos a todo aquello que nos rodea. En mi caso, aquel sistema me mantenía atrapada, haciéndome permanecer como una persona que ya no quería ser y eso se había convertido en una clara amenaza para mi vida.

Empecé a pensar hasta dónde tendría que llegar para reaccionar y darme cuenta que si seguía haciendo siempre lo mismo no obtendría nunca nada distinto a cambio. Estaba empezando a entender que, para hacer cosas nuevas, necesitaba un lugar nuevo, pues aunque aquella ciudad era nueva para mí, el entorno laboral no.

También me preguntaba de qué servía lanzar al mercado una marca o un producto más, si quizás yo no iba a estar allí para verlo. Al fin y al cabo, lo que yo hacía lo podía hacer cualquier otra persona que me sustituyera, en cambio ocuparme de mi salud solo lo podía hacer yo.

Entre todo lo que pensaba, me percaté de que había postergado el inicio de mi tratamiento algunos meses, estaba atrasada con las visitas de control médico y que, en resumen, no estaba haciendo nada para recuperarme. Estaba intentando escapar de mi realidad pensando que algún milagro se produciría y me curaría de un momento a otro, sin ni siquiera pedirlo. Actuaba como aquellos que sueñan con ganarse la lotería sin jugarla.

Fue entonces cuando recordé las palabras de mi doctor diciéndome que los momentos de estrés son el peor enemigo de la salud, y mi vida era inevitablemente estresante debido al entorno que me rodeaba.

Aquel mismo día, con lágrimas en los ojos, renuncié al cargo que tanto había anhelado y a aquella vida de aparente seguridad que me estaba matando. Decidí volver a mi ciudad y comprometerme conmigo misma, a alejarme de todo lo que me ocasionase estrés, para acercarme a todo lo que me proporcionase calma.

Lección 5: La vida no corresponde a tus sueños, corresponde a tus exigencias

"Si quieres cambiar tu vida tienes que elevar tus estándares". -Tony Robbins-

―――――――

Regresar a mi antigua ciudad no era fácil, pues antes de irme había entregado mi casa y ahora volvía sin un lugar donde llegar. Tampoco tenía trabajo ni ningún medio de sustento y lo que mi esposo ganaba en aquel momento no era suficiente para los dos. Recordé la oferta laboral que me habían hecho antes de marcharme a la otra ciudad y pensé que tal vez podría seguir disponible, pero ya habían pasado casi tres meses, por lo que mis esperanzas eran pocas.

Aun así, algo dentro de mí me decía que, sin importar la disponibilidad de esa propuesta, yo estaba haciendo lo correcto; pues partía del hecho de que mi objetivo era curarme. A pesar de que solo hacía las cosas cuando estaban ampliamente respaldadas por razones lógicas, **por primera vez en mi vida hice algo radicalmente diferente para obtener algo muy distinto también. Estaba totalmente decidida a volver y a que me fuese bien. Por primera vez me enfoqué en lo que quería, sin pensar en cómo podría llegar a suceder.**

Empecé a dejar de pensar de una manera tan racional y "lógica" para comenzar a confiar en el fluir de las circunstancias. Tenía la convicción absoluta de que volviendo a mi ciudad y estando en un ambiente más equilibrado -y en cierto modo controlado- podría tener un mejor manejo de mis emociones y dejar de hacerme daño sin querer. No me equivocaba, pues **cuando tenemos algo muy grande que resolver, es importante eliminar todos los ladrones de energía posibles y así concentrarnos en lo que hay que solucionar.** A pesar que mi lógica me decía que estar sin casa, sin trabajo y sin dinero era lo más alejado que había a un ambiente equilibrado y controlado, mis ganas de salir del entorno de donde venía eran mayores a mis temores a enfrentarme a todo lo nuevo que me esperaba.

Por primera vez en mi vida no me preocupé por nada, simplemente salté al vacío y confié en que todo lo que vendría en adelante tendría que ser mejor. Así lo había decidido.

De alguna manera sentía que el cáncer ya era lo peor que me podía pasar y, por primera vez, estaba determinada a no tolerar nada que empeorase mi situación. Me había hartado de aceptar cosas que no deseaba. Esta vez me enfocaría en acercarme a las que sí quería y, por alguna razón, tenía una certeza inquebrantable de que todos los caminos se abrirían para mí.

Lección 6: Cuando el objetivo está claro, los caminos aparecen

"No soy producto de mis circunstancias. Soy producto de mis decisiones". -Stephen Covey-

---

La determinación de que todo saldría bien, desde aquel momento en adelante, generó en mí una confianza nueva que nunca antes había tenido.

Aquello cambió mi energía, ocasionando una especie de onda expansiva que me daba la sensación de que apartaría de mí todo lo que no deseaba tener en mi vida nunca más. De pronto, había comenzado a tener la impresión de que todo lo que necesitaba llegaría a mí de una manera fluida y en los tiempos perfectos.

Entonces, una serie de situaciones favorecedoras empezaron a sucederme de la nada. En primer lugar, encontré una casa para vivir la misma semana que decidí volver a mi ciudad. Mi llegada había coincidido con la mudanza de una amiga y su esposo, así que ellos me ofrecieron quedarme en la casa que dejaban durante un mes, tiempo en el que se habían comprometido a entregarla a los nuevos compradores.

Poco tiempo antes que tuviese que irme de aquella casa, apareció la oportunidad de alquilar otra, casi sin buscar. Una de dos plantas, espaciosa, muy luminosa y en el último piso de un edificio. Una de esas que, en aquel tiempo, jamás hubiese imaginado tener. Como ya lo dije, me habían enseñado que todo se obtenía con esfuerzo y vivir en un sitio así no era posible sin hacer nada, al menos, según mis creencias. Sin embargo, eso fue lo que pasó, un conocido se fue del país y nos pidió que cuidásemos su casa pagando un alquiler tan bajo que, incluso sin tener trabajo, lo hubiese podido cubrir.

De un momento a otro había pasado de no tener casa a tener una donde alguien me pedía que viviese casi como un favor a cambio, me daba permiso de remodelarla a mi gusto y amueblarla, dándome la opción y la garantía de poder comprarla en caso que sus dueños no volviesen al país. Por si fuera poco, todos los alquileres pagados se acumularían como parte de pago del precio final de la casa, si algún día decidía comprarla.

La vida empezaba a superar mis expectativas y ya estaban pasándome muchas cosas especiales, de esas que se suponía que nunca me pasaban a mí. Me había cansado de luchar y una parte de mí esperaba y exigía que todo fuese más fácil de allí en adelante, y eso era exactamente lo que estaba sucediendo.

Con la misma facilidad que encontré casa, también encontré un nuevo trabajo. Al regresar, seguía en pie la oferta laboral de mi excompañero de la universidad, así que de pronto, sin ningún esfuerzo, ya estaba empleada de nuevo y sin perder mi ascenso, con un salario mejorado y trabajando con uno de mis mejores amigos. Todo estaba siendo tan divertido como imaginé y, te adelanto, la vida no me cobró nada después. Por el contrario, aquel lugar comenzó a llenarme de grandes éxitos profesionales.

Para resumir, en menos de un mes ya estaba establecida de vuelta, cerca de mi familia y con mis necesidades básicas cubiertas, a pesar de que cuando tomé la decisión de volver no tenía nada de aquello a la vista. **Sólo di el primer paso con confianza y lo demás fue fluyendo.**

Haber entregado todo lo que tenía seguro antes de aquel nuevo inicio (trabajo, casa, salario) fue parte del plan para comenzar una vida renovada en el regreso a mi ciudad. Fue como destruir el camino de vuelta para no tener manera de volver atrás en caso que hubiese un momento de debilidad. Dicen que **cuando tienes plan B nunca te enfocas debidamente en el que debe ser tu único plan: el A.** Y mi plan principal era encontrar el equilibrio que necesitaba para descubrir la manera de curarme.

Con todo lo que me estaba pasando, me di cuenta que **cuando te dispones a escuchar, la vida te empieza a hablar; cuando te dispones a ver, la vida te empieza a enseñar; y cuando te dispones a recibir, la vida te empieza a dar.**

Lección 7: No siempre tienes que entender para aceptar

Todo tiene explicación, pero no todo tiene explicación ahora, aprende a vivir con eso.

Mientras todo esto pasaba yo continuaba con mi tratamiento médico, iba a todas mis citas con la regularidad que se me había indicado. Sin embargo, mis esperanzas ya no estaban puestas únicamente en el tratamiento, mi intuición me decía que, si no cambiaba algo en mí, la ciencia no podría encargarse de todo por sí sola. Tenía que responsabilizarme por lo que me estaba pasando y no delegar la solución a terceros. Aunque muchas cosas ya eran distintas en mi interior, me parecía que aún no era suficiente. Me seguía preguntando: ¿qué más tengo que cambiar?

Con la esperanza de salvar mi vida a como diera lugar, empecé a buscar información que me ayudara a entender las palabras de mi médico. Quería saber cómo era posible que ser feliz me pudiese curar, necesitaba la explicación científica para estar realmente convencida de cuál era la dirección que tenía que tomar.

Sé que puede parecer extraño que alguien necesite hacer una investigación para entender la felicidad, pero es lo que yo estaba haciendo. Crecí creyendo que la felicidad era todo lo que ya había conseguido en la vida, sin darme cuenta que aquello no era más que la manera de **cubrir las expectativas del entorno, basadas en un sistema de creencias que cambia de acuerdo a cada cultura y a cada familia.**

¿Entonces, qué era la felicidad exactamente? Mi médico me había dado a entender que era la cura para mi enfermedad, pero obviamente no la vendían en la farmacia ni sabía exactamente cómo conseguirla. Ya había escuchado antes que el estado anímico de una persona enferma influía en la recuperación de su salud; sin embargo ¿era tanto como para curar el cáncer? No me lo creía del todo.

Mientras buscaba información científica y filosofaba acerca de lo que iba encontrando, pensé que mi cuerpo no podía seguir esperando a que encontrase algo que de verdad fuese capaz de satisfacer mi lógica y todas mis curiosidades. Así que antes de entender bien el tema a nivel científico, comencé simplemente a fingir que era un poco más feliz de lo normal, con la esperanza de ganar tiempo y detener mi enfermedad. No fingía con el entorno, fingía conmigo misma.

Al principio era una felicidad falsa, pero luego aquella nueva actitud comenzaba a hacerme sentir un poco mejor. Y aunque se suponía que **todo en mi entorno permanecía igual, con mi cambio parecía que mágicamente todo lo demás se transformaba también.** En aquel momento no tenía ni idea de que había comenzado el proceso electroquímico de modificar mis redes neuronales, dando paso a una nueva y mejorada personalidad.

Dejé de preguntarme cómo era que ser feliz podía ayudar a curarme y simplemente comencé a aceptar que **no siempre hay que entender todo para comenzar a utilizarlo y sacarle provecho.**

Así como no entendía -y sigo sin entender- el funcionamiento de mi automóvil, mi teléfono o el de un avión, pero disfruto de sus beneficios, de la misma manera decidí empezar a ser feliz sin razones especiales y sin entender bien cómo me ayudaría.

Simplemente confiaba en que así sería.

La Bea perfeccionista anterior a aquellos días nunca hubiese hecho nada antes de entenderlo a la perfección, pero **en aquel momento me di cuenta que, a veces, es mejor ir por el camino equivocado antes que estar detenido. Al menos, yendo por el camino incorrecto puedes descubrir un camino más que no deberías recorrer.**

Mientras tanto mi tratamiento médico seguía. Mi salud no mejoraba, pero tampoco empeoraba. Todo continuaba exactamente igual. Estaba agradecida con el hecho de que las cosas no se pusieran peor, pero no me sentía satisfecha por completo; simplemente quería que mi enfermedad desapareciera y dejase de perseguirme como una sombra.

Sin embargo, y por muy mal que me quede decirlo, no quería esforzarme para ser feliz. Me agotaba el hecho de querer convertirme en una persona tan diferente. **Era mucho más cómodo seguir siendo como siempre.** Deseaba, en lo más profundo de mi ser, que lo que me estaba sucediendo desapareciese como por arte de magia.

Lección 8: Elige bien a las personas con quienes compartirás tus miedos y tus sueños

No le hables de mar a quien no quiere nadar, de caminos a quien no quiere andar, ni de cielo a quien no quiere volar.

A pesar de todas las dudas y preguntas que tuve durante todo este proceso vital, hubo algo de lo cual nunca dudé desde el principio: sabía que no debía contar lo que me pasaba a ninguna de las personas de mi entorno, exceptuando una.

Presentía algo sobre lo cual hoy tengo absoluta certeza, y es que la energía y las creencias de aquellas personas con las cuales hablamos de nuestros miedos y nuestros sueños son fundamentales en la materialización, o no, de los mismos. Por eso es importante elegir a estas personas correctamente.

Si bien es cierto que compartir aquello que nos asusta es saludable (porque verbalizar nos hace entender mejor las cosas) también es cierto que **no es conveniente compartir nuestros temores con personas que, con su miedo, pueden desequilibrarnos más de lo que ya pudiésemos estar. Tampoco es recomendable hablar de nuestros sueños con quienes tengan creencias que nos puedan alejar de ellos.**

Muchas veces esas personas pueden ser nuestros propios padres o gente que nos quiere tanto que no es capaz de soportar la idea de que algo malo pueda pasarnos, entonces nos transmiten su tensión en el momento donde más vulnerables somos. Otras veces son personas que simplemente creen que no es posible que salgamos del problema en el que nos sentimos inmersos e intentan hacérnoslo saber para que no nos decepcionemos al descubrir por nuestra cuenta que no vamos a salir de allí. Quieren ayudar, pero no saben cómo y solo logran asustarnos colocando nuestro enfoque en los peores escenarios.

Cuando hablamos de una situación donde hay una enfermedad, también están las personas cordiales que intentan demostrar que nuestro problema les importa. Su manera de hacerlo es preguntando continuamente cómo nos sentimos, lo cual no hace más que recordarnos todo el tiempo que estamos enfermos. Ellos, sin querer, hacen que nos enfoquemos más en lo que nos preocupa que en las posibles soluciones.

Luego están los que sienten lástima y comienzan a tratarnos distinto porque piensan que ahora somos más vulnerables, y lo somos, pero no ayuda en nada que nos lo recuerden. Esto no solo aplica para las enfermedades, aplica para todos los retos y desafíos que se nos presente la vida; también para todos los sueños que queremos alcanzar.

En mi caso, solo le conté lo que me estaba sucediendo a mi esposo. Fui muy afortunada por tenerlo en mi vida. Él me transmitía seguridad, confianza, fuerza y me ayudaba a enfocarme en lo que era capaz de lograr y no en lo malo que podría pasar.

Me ayudó a mantenerme enfocada en la salud y no en la enfermedad, sin lástimas, sin recordatorios tristes, sin miedo. A veces lo veía tan tranquilo y confiado en el proceso que hasta dudaba si en realidad estaba entendiendo la gravedad de lo que me estaba pasando. Por momentos sentía la necesidad de tener esas conversaciones fatalistas tan comunes en mi crianza que representaban la única manera de abordar problemas y demostrar lo mucho que nos importaban las cosas: enfocarme en el escenario más dramático y así prepararme para lo peor. Sin embargo, nunca hubo ninguna de estas conversaciones.

La actitud de mi esposo me enseñaba que realmente **puedes enfocarte siempre en lo mejor de la vida**, sin importar lo grande del problema que te aqueje. Prepararse para el "impacto", como era mi costumbre, no hace más que atraerlo.

Dicen que **cuando el alumno está preparado, el maestro aparece. Este maestro no es necesariamente alguien nuevo que llega a nuestras vidas, a veces, el maestro lleva allí mucho tiempo**. En mi caso lo tenía viviendo en mi propia casa, sin saberlo.

Desde que fui diagnosticada supe que si se lo contaba a mis padres o a mis abuelos podría asustarlos mucho, incluso podría hacer que ellos se enfermaran también. Yo no quería que nada malo les pasara, así que decidí no contárselo, por su bien y por el mío.

Algo similar me pasó con mi hermana, no quería "teñir" su paso por la adolescencia con mi enfermedad. En cuanto a mis amigos, no quería preocuparlos ni que me recordaran que estaba enferma. Así que aprovechando la excusa de que mi nuevo trabajo y mi nueva casa quedaban un poco apartados de mi entorno habitual, me alejé de todos física y emocionalmente.

Mientras tanto, seguía buscando la manera de curarme y también continuaba con mi tratamiento médico. Por fortuna, este no me delataba, pues no provocaba cambios visibles en mi aspecto físico.

Lección 9: Donde menos te lo esperas puedes encontrar la solución, lo importante es buscar

"Lo que buscas, te está buscando". -Rumi-

Mientras continuaba en la búsqueda de mi cura, llegó un día importante en este proceso. Era un sábado soleado al final de la mañana cuando mi esposo llegó a casa con un vídeo que había comprado en la calle. Él dijo que el vendedor se lo había recomendado mucho y, aunque no tenía idea de lo que trataba, comenzamos a verlo.

Nos dimos cuenta que hablaba de cómo obtener todo aquello que se desea de la vida y de la actitud apropiada para atraerlo. Para aquel entonces nunca había estado en contacto con información de aquel tipo. Era un documental de dos horas, aproximadamente, en él aparecían diferentes profesionales del mundo del desarrollo personal hablando acerca de cómo habían alcanzado sus sueños.

Escucharlos me llevó a reflexionar sobre mi relación con varios aspectos de mi vida. Comencé a entender muchas de las cosas que venía haciendo inapropiadamente, entre ellas, no haberme dado cuenta de que la mayoría de los pocos objetivos que tenía no habían nacido de mí. Simplemente los había escuchado repetir tantas veces que pensaba que eran míos.

La otra cosa que reconfirmaba, mientras veía aquel documental, es que **vivía con mucho esfuerzo y con poca dirección**. Mi vida era como tener un trabajo de levantar bloques para construir algo pero sin construir nada, simplemente los apilaba en una esquina.

Es lo que hacemos la mayoría de las personas, trabajar sin dirección un mínimo de 8 horas al día perdiéndonos todas las horas de sol para luego llegar al final de la vida, sin entender cómo lo hicimos. Después de tanto esfuerzo estamos tan cansados y nos damos cuenta que no logramos estar donde queríamos.

En mi caso, siempre tenía la sensación de que aún me quedaba mucho por vivir. Es así como se fue pasando el tiempo, y las cosas importantes fueron quedando aplazadas para un "después" que tal vez nunca llegaría.

Mientras veía el documental me preguntaba si lo que decía era verdad, si lograr las cosas que soñamos era posible por muy absurdas que parecieran. Tan absurdas como querer curarme de aquella enfermedad. Fue justo mientras pensaba en todo esto, cuando apareció en el vídeo una mujer que aseguraba haber superado un cáncer de mama en tan solo tres meses y sin ningún tratamiento. Quedé absolutamente paralizada con aquel testimonio que no duró más de treinta segundos. Sin embargo, fue lo suficientemente largo como para despertar en mí la esperanza de recuperar mi salud, por mi cuenta, sin tener que seguir esperando a que el tratamiento hiciese efecto.

De inmediato noté la similitud entre las palabras de aquella mujer y las de mi médico, aunque había una diferencia casi imperceptible, pero importante, entre aquellos dos mensajes tan valiosos para mí. Él había colocado mi enfoque en lo que tenía que evitar: las **emociones de baja frecuencia**, aunque también me había dicho que procurara ser feliz. En cambio, ella estaba colocando mi enfoque en lo que tenía que conseguir: **emociones de alta frecuencia sostenidas**, la felicidad.

Otra de las razones por las cuales ella había logrado influenciarme mucho más que mi médico, es que ella representaba la evidencia de que alguien había obtenido lo que yo quería obtener también, ella se había curado.

Una cita de Warren Buffett, considerado uno de los más grandes inversores de la historia y del mundo, dice: **"Alguien está sentado en la sombra el día de hoy porque otro plantó un árbol hace mucho tiempo"**. Yo me estaba sentando en la "sombra" del árbol que aquella mujer había sembrado al tomar la decisión de curarse y luego la de compartir su historia con el mundo. Gracias a que ella lo había logrado, ahora yo me sentía capaz de hacerlo también.

Por primera vez sentí una esperanza fundamentada en algo más que la medicina, y me invadió una increíble sensación de libertad al darme cuenta que lo que tenía que hacer estaba por completo en mis manos, que no dependía de más nadie. Ya no tenía que esperar por un tratamiento, ni tampoco a que la ciencia descubriese la cura. Solo tenía que ser muy constante en la ejecución de ciertas actividades que generasen sensación de felicidad en mí.

Necesitaba vigilar mucho mejor mis pensamientos y mis emociones. Dar el salto de lo que yo pensaba que era la felicidad y llegar a la verdadera felicidad. Solo así mi cuerpo generaría la química que realmente necesitaba para obtener la cura que tanto anhelaba. Para eso requería de un plan que me ayudara a conseguir resultados rápidamente.

A pesar de lo revelador que me había resultado aquel momento, también pensaba que, si para mí había sido tan fácil acceder a aquel documental, ¿por qué más nadie hacía lo que decía allí? ¿por qué no todo el mundo se curaba de todo? o ¿era, acaso yo, una de las primeras en haber visto aquella película? Por momentos me sentía tentada a no creer nada de lo que estaba viendo, ya que no se parecía, en lo absoluto, a lo que me habían enseñado desde pequeña. Sin embargo, me estaba quedando sin opciones, al parecer nada de lo que venía haciendo funcionaba, y dos dolorosos años de tratamiento médico, sin resultados, lo demostraban.

Sin darle más vueltas, decidí comenzar a trabajar de una manera **absolutamente determinada y centrada** en aquel cambio de actitud, en el cual ya me había iniciado tímidamente cuando mi doctor me lo sugirió.

Tomé la decisión, irrevocable, de ser feliz pasara lo que pasara. A la vez comencé a pensar en herramientas que me pudiesen ayudar a mantener constantemente mi energía en alto, sin depender de mi disciplina y mi voluntad. Sabía que solo así podría crear aquella nueva personalidad que necesitaba con urgencia.

Estaba tan segura de que mi nuevo plan funcionaría que comencé a dejar de ir a las citas del tratamiento médico convencional, al que tenía dos años sometiéndome bimensualmente.

Aquellas sesiones eran dolorosas, fuertes, invasivas y no hacían más que recordarme todo lo que me estaba pasando. Me hacían sentir tan vulnerable, insegura y débil que me resultaba imposible actuar como si todo estuviese bien.

Me había metido tanto en el papel de que me iba a curar, sin tener que seguir viviendo aquel infierno, que no quería que nada ni nadie estropeara el proceso haciéndome dudar de él. Eso implicaba abandonar el tratamiento y dejar de ver a mi doctor.

Lección 10: Nuestro cerebro es reprogramable

Aún estás a tiempo de convertirte en la persona que siempre has deseado ser.

Dada la emoción que me había producido escuchar aquella mujer hablando, lo primero que hice fue comenzar a ver aquel documental entre una y dos veces al día, todos los días de mi vida por tres meses, aproximadamente.

Las primeras veces lo veía solo para revivir la emoción que me causaba escuchar a alguien diciendo que se había curado, luego lo seguí viendo para integrar en mí todas las ideas de las cuales se hablaba allí.

Me di cuenta que cuanto más tiempo pasaba en contacto con toda aquella información, más confianza e ilusión sentía por la vida. Para acelerar mi proceso comencé a desarrollar una serie de herramientas que no eran más que un sistema de recordatorios que me ayudaban a mantener un enfoque constante en mi objetivo. Aquel método que me había inventado me ayudaba a no perder de vista la manera como tenía que comportarme, actuar, pensar y hablar para así convertirme en la persona que pensaba que tenía que ser, si de verdad quería curarme. Dicho método, es una de las creaciones más valiosas que he hecho durante toda mi vida y te lo contaré con detalles más adelante.

Haciendo todo aquello me estaba reprogramando. De nuevo trabajaba en una especie de personaje ficticio, pero esta vez mucho más potente que el que había empezado a desarrollar cuando mi médico me sugirió mantenerme alejada de las emociones de baja frecuencia. Fue como si hubiese pasado de ir en bicicleta a ir en moto.

Al cabo de pocos días, y casi sin darme cuenta, empecé a sentirme extremadamente eufórica con respecto a la vida, y la sensación de que algo estaba muriendo en mi útero había desaparecido. Fui aprendiendo a enfocarme en las cosas buenas del día a día y esto hacía que todo lo que no me gustara se fuese desvaneciendo, como si nunca hubiese existido. Estaba empezando a sentir lo que tanto había soñado aquellos últimos dos años de mi vida: que mi enfermedad había sido una pesadilla y que por fin había vuelto a "la vida real".

Había creado mi propia burbuja y ahora vivía dentro de ella, alejada de todo aquello que amenazase su integridad. Sentía que si permanecía allí y lograba que este refugio llegase a una altura segura donde ya nadie pudiese alcanzarla, llegaría el momento en el cual estaría curada.

A veces me sentía tan diferente a la persona que había sido antes que me preguntaba si aquellos que más me conocían se sentirían extrañados con mis cambios. Por ejemplo mis padres, mi esposo o mis amigos de toda la vida. Sin embargo nadie se mostró incómodo en ningún momento ante aquella transformación, por el contrario, la gente simplemente fluía conmigo en mi alegría, o así lo sentía yo.

Una gran amiga solía decir: **"Cuando estás en un extremo y quieres conseguir el equilibrio, lo primero que haces es irte al otro extremo"** (Carla Acebey). Yo, definitivamente, estaba en el otro extremo, en el de la felicidad. Solo estando allí pude darme cuenta de lo mal que me encontraba antes.

Aun así, alguna vez me llegué a preguntar si de verdad me estaría curando o solo estaba poniendo en riesgo mi vida al haber abandonado mi tratamiento a cambio de una metodología inventada por mí misma, ¿quién era yo para inventar algo?

Luego me consolaba pensando que si, finalmente, el cáncer estaba avanzando sin que lo supiera, prefería seguir así de feliz en lo que podrían ser los últimos días de mi vida antes que seguir siendo como era antes. Pero procuraba no pensar en estas cosas. Cada vez que una idea fatalista hacía el intento de aproximarse a mí, yo la esquivaba reenfocando mi atención en pensamientos o situaciones que subían mi energía.

Con el pasar de los días me iba sintiendo más fuerte y con mejor dominio sobre la interpretación de aquel papel de persona exageradamente feliz. Era como una actriz que estudiaba un libreto para perfeccionar un personaje, sin darme cuenta que **estaba dejando de ser la que interpretaba el papel, para convertirme en el personaje mismo.**

Llegó un punto donde había engañado a mi cerebro por tanto tiempo que ya se me había olvidado por completo que estaba enferma, incluso se me había olvidado quién era antes de aquella transformación, y no hubiese sabido cómo regresar hacia atrás, aunque hubiese querido.

Gracias a mi nueva actitud las cosas fluían mejor en mi trabajo, conocía mucha gente nueva con la que anteriormente no hubiese encajado. Me veía mucho más atractiva y tenía nuevas conquistas que, aunque no era lo que buscaba, me ayudaban a fortalecer mi autoestima y a corroborar que me estaba convirtiendo en una nueva persona con una vida indiscutiblemente mejor.

Lección 11: Confía

"Cuando nada es seguro, todo es posible". -Margaret Drabble-

Transcurridos unos tres meses ensayando aquel personaje, me sentía pletórica, llena de vida, embriagada en una felicidad que nunca antes había conocido. Además me sentía sana, aunque aún no tenía ningún diagnóstico médico que dijese que eso era cierto y por esa razón un día mi esposo sugirió visitar al doctor.

Al principio me negué y le di todas las largas que pude, sin embargo, luego de un tiempo terminé aceptando a pesar de la fuerte sensación de que me estaba traicionando a mí misma.

Acceder a aquella visita médica, era decirle a mi cerebro que estaba dudando del proceso. Se suponía que, si de verdad tenía tanta autoconfianza con respecto a mi capacidad de superar aquel desafío, no necesitaba que otro validara mis acciones.

En el fondo, todo aquel malestar no era más que miedo a no estar curada. Por varios meses nunca había dudado de lo que estaba haciendo y aquel era mi primer enfrentamiento con la posible realidad de que podría seguir enferma.

El día antes de ir a mi cita médica miles de preguntas pasaron por mi cabeza. Por primera vez en todo el tiempo que había transcurrido comenzaba a dudar de nuevo. ¿Habría sido mi cambio real o solo un invento de mi imaginación? Tal vez era un disfraz que de tanto llevarlo puesto ya me había hecho olvidar quién era yo en realidad, aunque eso no significara que hubiera dejado de ser quien era, ni que me había curado tampoco.

Por momentos el miedo me secuestraba y me hacía preguntarme si habría sido una irresponsable por dejar de ir al médico durante aquellos meses. En caso que siguiese enferma, ¿cómo le iba a explicar a mis padres que no les había dicho nada de lo que me estaba sucediendo y que, además, había abandonado el tratamiento solo porque un día escuché una mujer que me hizo creer que cambiando mi actitud podía curarme?

Me ponía en el lugar de ellos y me preguntaba cómo se sentirían al descubrir que su hija había elegido creer en otras cosas que nada tenían que ver con la costosa educación que, con tanto sacrificio, ellos habían financiado.

De pronto empecé a pensar, ¿y si la mujer del vídeo no era real? ¿y si tal vez era una actriz pagada para contar una historia de sanación inventada? ¡Qué tontería la mía! Cambiar la ayuda médica por seguir lo que yo pensaba que era mi intuición ¿y si no era mi intuición? ¿y si era, simplemente, lo que yo había elegido creer, con base en la desesperación de querer curarme?

Para aquel momento no sabía de todos los respaldos científicos que existen hoy en día que explican la manera como nuestros pensamientos influyen en nuestros resultados, y aunque para ese entonces ya había mucha investigación sobre el tema, yo no la conocía, no estaba a mi alcance.

Simplemente había tenido una fe ciega en el proceso, sin más respaldos ni evidencias que la mujer que había asegurado curarse.

Sumida en todas estas repentinas inseguridades, recuerdo que el día antes de ir al médico era domingo y lloré aproximadamente unas 18 horas seguidas, desde que me levanté hasta que me fui a dormir de nuevo, no sé de dónde saqué tantas lágrimas.

Por un lado, me preocupaba que la enfermedad hubiese avanzado tanto que ya no tuviese nada que hacer. Por el otro, me angustiaba pensar que, si de verdad me estaba curando, pudiese estar estropeando todo lo que había conseguido con aquella actitud derrotista que de pronto me invadía.

Al día siguiente me desperté exhausta, pero dispuesta a ir a mi cita médica y acabar con aquella incertidumbre.

Cuando llegué, acompañada de mi esposo, empecé a pensar que después de haber ido durante dos largos años a aquel médico y haber escuchado tantas veces la misma respuesta diciéndome que había que volver a la siguiente sesión, ¿por qué habría de ser diferente, precisamente, aquel día?

Ese sitio me conectaba con todos los recuerdos relacionados a la enfermedad, con el día del diagnóstico y con cada visita para llevar a cabo mi tratamiento.

De pronto empecé a pensar en cuál sería la reacción de mi médico si le explicaba la razón por la cual había dejado de ir. Si bien él me había alentado a trabajar en un cambio de actitud, esto no tenía nada que ver con abandonar el tratamiento. Al imaginarme explicándolo me di cuenta de lo absurdo que todo aquello sonaba en mi cabeza. ¿Cómo explicar que decidí vivir aquellos meses pensando que estaba curada sin que pareciera que era una irresponsable o una suicida?

En contraposición a eso, otra parte de mí pensaba que lo mejor sería seguir siendo coherente con mi nueva forma de ser. Esta persona renovada en la cual me había convertido ya no era la que se preparaba para lo peor, era la que se llenaba de ilusión esperando lo mejor, y si esto era así, no tenía sentido estar tan asustada.

Todo ese ruido en mi cabeza se detuvo cuando la secretaria de mi médico me pidió que pasara. Simplemente entré y decidí reservarme las explicaciones que pudiesen justificar mi larga ausencia.

Me acosté en la camilla ayudada por la mano de mi esposo, quien no me soltaba en ningún momento. Dejé que el doctor hiciese su exploración mientras yo miraba fijamente su cara con la esperanza de captar alguna expresión que me adelantara algún diagnóstico. Sin embargo, supongo que él se cuidaba de no transmitir ningún tipo de información con sus gestos, era un profesional muy prudente. Mientras lo miraba, caí en cuenta que se estaba tardando más de lo normal, así que decidí cerrar los ojos a ver si de alguna manera podía olvidarme que estaba allí y lograba pensar en otra cosa, pero nada de eso funcionó. Por más que intentaba aparentar que me encontraba en calma y centrada las lágrimas me brotaban sin pausa.

Finalmente el doctor habló. Sin embargo, no fue para decir ninguna de las dos respuestas que yo esperaba. No dijo "sí, aún tienes cáncer", pero tampoco dijo "no". Simplemente dijo que tendría que hacer algunos estudios adicionales a los de rutina porque los resultados que estaba viendo eran muy raros.

— ¿Qué tan raros? —le pregunté—

— No lo sé, **es como si de pronto todo hubiese desaparecido. Como si nunca hubieses tenido nada.**

Lección 12: Los milagros le ocurren a quienes creen en ellos

"Y fue cuando estaba cayendo que abrí mis alas y aprendí a volar". -Richard Bach-

---

Escuchar las palabras de mi médico, hizo que explotara en mí una alegría absolutamente indescriptible.

Sentí como si se me fuese a parar el corazón a la vez que me entraban ganas de sonreír y llorar. Algo así debe sentir la gente cuando se gana la lotería, el día que sale de la cárcel o el día que le anuncian que una guerra terminó.

En el fondo, no necesitaba más explicaciones ni preguntar más nada, entendía perfectamente lo que estaba sucediendo. Estaba pasando lo que tanto había soñado y esperado desde el día que fui diagnosticada, la enfermedad había desaparecido de mi cuerpo.

Incluso sin tener evidencia de que así podría ser, y aunque nada lógico lo respaldara, sabía que **aquellos tres meses en los cuales me había dedicado a convencerme de que era una persona sana, me habían llevado a serlo,** los exámenes médicos lo corroborarían después. Esta era la prueba de que **"te conviertes en lo que piensas la mayor parte del tiempo"** (Brian Tracy).

Durante dos años había hecho un intento por cambiar algunas cosas de mi manera de ser y había ido consiguiendo algunos pequeños resultados poco a poco. Sin embargo, lo que hice aquellos últimos tres meses, impulsada por la claridad del objetivo que se reveló en mí al haber escuchado un testimonial de curación previo, no tenía comparación con lo anterior.

Había decidido ser tan feliz que sería imposible para cualquier enfermedad poder habitar en mí.

Años después, dedicándome a estudiar el tema formalmente en una universidad, entendería que todas las cosas que hice a diario durante aquellas semanas, me habían conducido a reprogramar mi cerebro, creando nuevas rutas neuronales sobre las rutas antiguas.

Gracias a la capacidad de adaptación y plasticidad que posee este órgano, había podido "moldearlo" insertando las creencias que me convenía tener, sobre las que me habían conducido hasta mi enfermedad.

Trabajar en la modificación consciente de mis pensamientos de manera reiterativa y constante en el día a día (apoyándome en las herramientas que fui desarrollando y copiando de expertos en el tema) me sirvió para crear un sistema personalizado que me ayudaba a mantener emociones de alta frecuencia, sin depender de mi voluntad ni mi disciplina como únicos recursos. Es decir, me ayudaba a ser feliz siempre.

Al cambiar mis pensamientos cambiaban mis emociones, y este cambio modificaba la bioquímica de mi cuerpo. **Eso se convirtió en la medicina que necesitaba para sanar.**

Cuando salí caminando por el pasillo de aquel hospital de vuelta a casa, sabiendo que estaba curada, una especie de película transcurrió antes mis ojos. Se trataba de una secuencia de imágenes que pertenecían al futuro y que me mostraban todo aquello que podría obtener si seguía viviendo de la forma que lo había hecho en los últimos meses.

Había escuchado decir que la gente que ha estado a punto de morir ve una película de su pasado justo antes de lo que parece el final, y aunque nunca había escuchado decir que la gente que "renace" ve una de su futuro, eso era lo que me estaba pasando.

No era una premonición en lo absoluto, era mi cerebro o algún poder superior, enviando una especie de "vista previa" de lo que podría ser el resto de mi existencia, siempre y cuando, siguiese haciendo las cosas como lo estaba aprendiendo. Parecía el *trailer* de un *filme* a punto de estrenarse, era el *trailer* de mi vida, y era realmente emocionante.

Desde aquel momento supe que, pasara lo que pasara, nunca más nada podría volver a estar mal, no porque el mundo fuese a ser diferente, sino porque ahora yo era diferente.

Había entendido dónde estaba la clave de todo y que ser feliz era una elección diaria sobre la cual solo yo tenía poder. Ya nada ni nadie podría convencerme de vivir de una manera distinta a la que había descubierto empujada por mi deseo de curarme.

Me había dado cuenta de lo poderosa que había sido siempre sin saberlo, y de lo poderosos que somos todos los seres humanos en general. También había descubierto que delegamos nuestro poder a otros sin darnos cuenta, por ejemplo a los médicos, los políticos, los padres o figuras religiosas que hemos venido venerando por miles de años, olvidando que somos nosotros mismos quienes las hemos inventado.

Luego les culpamos cuando las cosas no salen de la manera esperada, sin entender que ellos solos no pueden hacer todo el trabajo sin nuestra ayuda.

Creemos, equivocadamente, que el poder está fuera de nosotros, sin darnos cuenta que los verdaderos milagros provienen de nuestro interior. Como dijo Einstein: **"Somos los únicos seres que podemos cambiar nuestra biología con nuestro pensamiento"** y yo agregaría: los únicos **capaces de cambiar toda nuestra vida con nuestros pensamientos.**

No somos tan frágiles como nos han dicho, poseemos un poder ilimitado capaz de cambiar el mundo, si empezamos por cambiarnos nosotros mismos.

La función de aquella enfermedad no había sido matarme ni someterme, aunque supongo que pudo haberlo hecho si yo hubiese elegido una actitud pasiva ante las circunstancias. En mi caso su función fue rescatarme de una vida llevada desde el sacrificio y el sufrimiento. Me salvó de seguir transitando por un camino equivocado, lleno de emociones de baja frecuencia donde vivía la mayor parte del tiempo, vibrando desde el miedo y no desde el amor.

Este amigo, llamado cáncer, tomó mi mano y no me soltó hasta que le di la seguridad de que estaría bien.

Comprendí que así funcionan las enfermedades, son avisos que van de menos a más, como los de una madre intentando alertar a su pequeño hijo de un peligro mientras este sigue correteando sin parar y sin prestar atención. Hasta que, llegado un punto, se ve obligada a detenerlo, mirarlo a los ojos y mandarle el mensaje con más fuerza, para así asegurarse de que realmente habrá entendido, y luego soltarlo.

Esa "sacudida", por fortuna, no siempre tiene que ser una enfermedad grave. Sin embargo, siempre suele ser un punto de quiebre que a veces duele, a veces molesta, pero también, a veces es la única manera de que escuchemos y entendamos que necesitamos cambiar algo en nosotros.

Desde aquel día todo se volvió mágicamente fluido en mi vida. He conseguido lo que siempre había soñado para mí y he ayudado a otros a lograr lo mismo en sus caminos.

El mundo no cambió, cambié yo y eso lo cambió todo. He aprendido a recibir las situaciones más retadoras con agradecimiento, porque ahora sé mejor que nunca que detrás de cada dificultad hay una oportunidad que me hará más capaz.

He entendido que **cuando no conseguimos lo que queremos es porque aún no somos la persona que tenemos que ser para lograr los objetivos que queremos lograr.** Y he aprendido que, por fortuna, eso tiene una solución y está siempre en nuestras manos, ahora no tengo la menor duda de que podemos convertirnos en esa persona.

Y de esto trata el resto de este libro, de los recursos internos capaces de proporcionarnos la forma de reinventar nuestra vida en todas sus áreas o en aquellas donde más lo necesitamos.

Compartiré contigo la fórmula que descubrí para pasar del esfuerzo a la fluidez, la misma que me ayudó a conseguir, en dos años, lo que no había logrado en toda mi vida. Dejé de ser el "ratón que corría sobre la rueda" para comenzar a tener una vida con propósito y obtener lo que para mí era considerado el éxito.

En cuanto a mi salud, aprendí a cuidarme y a entender que tanto lo que enferma, como lo que cura, está dentro de mí. Profesionalmente hablando, logré encontrar el equilibrio para poder seguir trabajando en lo que tanto me gustaba y ocupar las posiciones que había soñado.

Como resultado, llegué a ser pionera innovando con más de un centenar de lanzamientos de nuevas ideas de productos a nivel nacional y mundial; a ocupar las primeras posiciones de participación en los mercados donde competía con las empresas más reconocidas del mundo, ayudar a convertir en una trasnacional la empresa para la cual trabajaba, formar equipos de trabajo y personas de alto desempeño, ganar más dinero y tener más tiempo libre que nunca para conocer todos los países y ciudades que quise.

En cuanto a mis relaciones, reinicié mi vida amorosa, aprendí a fluir en el amor de mi hogar paterno y formé mi propia familia. Mi útero y mi cuerpo funcionaron perfectamente para convertirme en madre cuando así lo decidí.

Y aunque no todo sea perfecto en mi vida, yo lo veo perfecto ahora al saber que cada cosa que pasa tiene una finalidad. Ahora sé que **la mejor manera de enfrentar los desafíos que se nos presentan es recibiéndolos con amor, preguntándoles a qué han venido, flexibilizándonos con humildad ante lo que vinieron a enseñarnos y despidiéndolos con agradecimiento cuando hayan cumplido su misión.**

Para llevar a cabo todo este proceso hay estrategias que nos pueden ayudar a que todo fluya más rápido y mejor, sin importar cuál sea el desafío.

Aquí te dejaré todas las herramientas prácticas y teóricas que me funcionaron a mí para lograr curarme y alcanzar mis objetivos de vida. También compartiré contigo algunas historias de terceros y propias, de esas que se viven durante los procesos de reinvención, todas con el fin de inspirarte. Puede que logres identificarte con alguna de ellas y que sirvan para entrenar tu capacidad de reconocer las señales y sincronicidades que pueden surgir en tu vida.

PARTE II
De cómo cumpliste todos tus sueños

Cada ser humano de este planeta se encuentra interconectado entre sí a través de un gran campo cuántico que nos convierte en una especie de unidad. Esto quiere decir que te encuentras conectado a la misma fuente energética de todo aquel que haya logrado algo que tú sueñas lograr, y viceversa.

En resumen, todo lo que otros hayan podido hacer es obtenible en la misma medida para ti, ya que, si la energía es de la misma calidad, las posibilidades también. Lo único que realmente nos hace diferentes los unos de los otros son las creencias instauradas en nuestro cerebro durante nuestro desarrollo; especialmente durante los primeros seis años de vida, cuando ni siquiera teníamos la capacidad de cuestionar y decidir cuáles creencias aceptar y cuáles no.

En esta segunda parte hablaré detalladamente de todo lo que necesitas saber de tu cerebro para obtener cambios representativos, rápidos, duraderos y sostenibles en todas las áreas de tu vida. Compartiré contigo la información práctica que me sirvió para convertirme en una nueva persona en menos de tres meses y ponerme al día con todos mis sueños atrasados en menos de 2 años.

Esta es la misma información que he utilizado para ayudar a otros en la consecución de sus objetivos, y para su mejor comprensión la dividiré en dos fases:

Los secretos para reprogramar tu cerebro: Esas cosas que debes saber de su funcionamiento para lograr cambiar tu comportamiento.

Plan de acción: Allí te presentaré el método **Neurolead**, el cual se divide en cuatro pasos, que te proveerán de herramientas concretas para ejecutar en el día a día, capaces de ayudarte a que te mantengas firme en el camino hacia tus objetivos.

Antes de adentrarnos en la primera fase quiero que sepas que, durante aquellas semanas de mi vida donde viví tantas transformaciones profundas con el objetivo de curarme, mis conocimientos acerca del cerebro y la inteligencia del corazón aún no eran lo suficientemente profundos.

Tampoco tenía rutinas especialmente saludables, no me alimentaba de una manera particular para mantener mi mente y mi cuerpo en buenas condiciones, no meditaba, no practicaba yoga, ni hacía ningún tipo de ejercicio. Lo que quiero decirte con esto no es que no tengas hábitos saludables, nada más lejos de eso, los buenos hábitos son piezas claves para convertir nuestra felicidad en un estado permanente. Solo quiero dejar claro que, para empezar a obtener cambios valorables en tu vida, no necesitas adquirir todas esas prácticas de la noche a la mañana ni convertirte en un "ser de luz elevado" repentinamente. Lo que necesitas es un cambio de perspectiva gradual y es ahí donde estaremos trabajando.

Lo que me pasó a mí no fue un hecho aislado, ahora lo sé. Si investigas un poco encontrarás centenares de casos de curación similares al mío o historias de personas estancadas que, a raíz de entender el peso de sus creencias nocivas en el impacto de sus resultados, pudieron rehacer sus vidas por completo. Si ellos y yo hemos logrado curarnos de una enfermedad o cambiar nuestras situaciones solo cambiando la manera de pensar, entonces tú también puedes hacerlo, porque estamos hechos de lo mismo.

Aunque cada quien necesita sus propios tiempos para identificar los caminos que quiere recorrer, me aprovecharé de la pequeña ventaja que me da el haber estado alguna vez en la vulnerable situación de pensar que moriría, para decirte que si algo me quedó claro en este proceso que he compartido contigo, es que en la vida debemos actuar con rapidez, sin dudar de los impulsos de nuestro corazón. Cuando él dicte algo ¡hazlo! No dudes, no titubees, no te quedes en una parálisis por análisis. Si tienes que hacer las cosas con miedo, pues hazlas con miedo, pero hazlas.

Encontrarnos ante la posibilidad de morir puede mostrar con una claridad escandalosa todo lo que pudo haber sido nuestra vida, pero no fue, ya sea por falta de enfoque, de no creerlo posible o por ambas cosas.

Eso fue lo que me sucedió a mí y es lo que no deseo que te pase nunca. En mi caso, esa segunda oportunidad para hacer las cosas mejor la he aprovechado y me he comprometido a que esta vez valdría la pena vivir. **Y si una amenaza de muerte me sorprendiese de nuevo no habría arrepentimientos y no me quedarían "asignaturas" pendientes.**

Si tienes la vida, tienes opciones. Aprovecha tu tiempo aquí, para hacer lo que harías si hubieses estado a punto de perder tu vida y ahora tuvieses la oportunidad de vivir de nuevo, porque esa oportunidad renace con cada minuto de tu existencia.

Y si algún día tu final llega por sorpresa, que sea bienvenido, que lo recibas feliz, reconociéndolo como una parte natural de tu paso por este mundo. Que te vayas con una sonrisa en el rostro, sin deudas emocionales, en paz con el universo, con la gente que quisiste y, sobre todo, en paz contigo mismo.

Desbloquea tu sabiduría, cambia tu vida

> **Los secretos para reprogramar tu cerebro**
>
> Si tienes el control sobre tu cerebro, tienes el control sobre tu vida.

Tu cerebro, tu guardián

"El conocimiento es poder, pero el conocimiento sobre uno mismo es autoempoderamiento". -Joe Dispenza-

---

Si tantas veces en la vida hemos escuchado que **para conseguir cosas diferentes tenemos que hacer cosas diferentes**, entonces ¿por qué seguimos haciendo las mismas cosas?

La verdad es que esto tiene una explicación muy sencilla: a tu cerebro no le importa cubrir tus expectativas individuales acerca de lo que significa el éxito para ti, lo que le importa es tu supervivencia como parte de un colectivo, y no le gustan las novedades que puedan implicar algún riesgo.

La principal función de tu cerebro es preservar la vida y, en consecuencia, preservar la especie. Todo lo que tú quieras hacer fuera de lo que significa, para él, mantenerte a salvo, se convierte en tu problema, no en el de él; aunque sean la misma unidad.

Aproximadamente un 95% de tu capacidad mental, está ocupada con las funciones automatizadas que te mantienen vivo, como por ejemplo: respirar, parpadear, etc. El otro 5% está ocupado en tomar decisiones constantes para la supervivencia, por ejemplo mirar la calle antes de cruzar o elegir qué trabajo te conviene más.

Cuando llegamos al mundo comenzamos a vivir diferentes situaciones desde el momento que nacemos, algunas nos producen emociones que nos hacen sentir bien y otras que nos producen el efecto contrario.

Dichas situaciones van desde cómo interactuamos con nuestros padres, hasta los alimentos que vamos incorporando a nuestra dieta. Algunas podríamos considerarlas convenientes para nuestro desarrollo y otras no tanto. Sin embargo, para el cerebro no es importante qué tan convenientes las consideremos, lo más importante para él es identificar lo que nos mantiene con vida y lo que no.

Todo aquello que va conociendo lo va clasificado en dos archivos básicos: el archivo de "cosas seguras que garantizan la vida", que con el tiempo terminaremos llamando la "zona de confort", que no es donde estamos bien sino donde nos sentimos seguros; y otro es el archivo de "cosas que atentan contra la vida".

Pongamos un ejemplo muy sencillo correspondiente al primer grupo. Imagina un bebé al que le das un alimento por primera vez. Es probable que al principio lo rechace debido a que este alimento todavía no está clasificado en su sistema; dicho de otra forma, aún no pertenece a su grupo de "cosas seguras que garantizan la vida", pues nunca lo había probado y no sabe cómo responderá su cuerpo ante él.

Si se insiste un poco y el bebé prueba el alimento varias veces, sin que su cuerpo tenga ninguna consecuencia negativa, su cerebro lo interpretará como "confiable" y lo incorporará en el archivo de las "cosas seguras", incluso si no es un alimento bueno para él, como podría ser una gaseosa con altas dosis de azúcar y cafeína.

Lo mismo pasa con el resto de las experiencias. Por ejemplo, hablemos de un niño que nace en una familia donde es física o psicológicamente maltratado. Este crece, y puede elegir entre varias situaciones que se derivan de dos opciones principales: irse o quedarse en esa familia donde recibe maltrato.

En algunos casos, los niños que crecen en entornos así eligen inconscientemente quedarse allí y seguir siendo maltratados, incluso en su etapa de adultos. Simplemente es lo que conocen. Por muy mala que parezca esta situación, la vida les ha demostrado que bajo esas circunstancias pueden sobrevivir, lo cual hace que clasifique para su grupo de "cosas seguras" para la vida. Otros puede que se marchen, pero terminan formando sus propias familias donde también hay maltrato, y otros, simplemente, intentan escapar de la situación tratando de encontrar una vida más tranquila; sin embargo, ante el más mínimo tropiezo fuera del entorno conocido, regresan al sitio de maltrato interpretándolo como un lugar más seguro.

Por fortuna esto no pasa en todos los casos. Obviamente, también está el grupo de los que desarrollan un nivel de conciencia más elevado y eligen vivir sin maltrato para el resto de su vida.

¿Quieren estas personas seguir siendo maltratadas? ¡Por supuesto que no! Lo que está pasando aquí es que su cerebro las está llevando de vuelta a la zona de "cosas seguras que garantizan la vida", o al menos eso es lo que creen.

La razón por la cual algo como el maltrato sería clasificado dentro de las "cosas seguras para la vida" es porque la interpretación de la realidad de nuestro cerebro es muy simple y binaria: si el individuo sigue vivo entonces el estímulo es considerado como seguro, si el individuo ve su existencia amenazada el estímulo será considerado peligroso, no apto para preservar su vida.

Bajo este criterio, casi cualquier cosa que no acerque a este individuo lo suficiente a la posibilidad de morir, estaría gozando del beneficio de poder entrar al archivo de lo "seguro". Esto dependiendo de la edad y las circunstancias en las cuales esa situación haya comenzado a formar parte de la persona, y teniendo en cuenta también la capacidad que haya tenido para cuestionar dichas circunstancias, lo cual es bastante difícil de hacer durante los primeros años de vida.

Da igual si se trata de alimentos, comportamientos, maneras de pensar o de lo que sea. La mayoría de las cosas que pasan en la vida de una persona, sin atentar contra ella, quedan registradas como experiencias que se pueden repetir por siempre, y a las cuales el individuo podría estar expuesto indefinidamente. En especial cuando éstas han tenido lugar en los años más tempranos de la infancia. Esto no quiere decir que las repetirá por siempre, solo quiere decir que habrá apertura por parte del individuo en caso que situaciones parecidas se volviesen a presentar.

Por el contrario, cuando existen experiencias que amenazan la existencia del individuo, el cerebro las coloca en una lista de "cosas que atentan contra la vida". Cosas que pondrían en riesgo la posibilidad de que el cerebro cumpla con su principal función a cabalidad, es decir, preservar la existencia.

Así que, de la misma manera que todo lo que no mata se va a la lista de lo **seguro,** sin mayor análisis (como podría ser el caso de una gaseosa con cafeína para un bebé), de esa misma manera todo lo que atenta contra la vida, o al menos nos da la sensación de que así es, se va a la lista de lo **inseguro,** sin dar cabida tampoco a más análisis.

Por ejemplo, supongamos que un niño se acerca al borde de un río y se cae, traga mucha agua hasta que, finalmente, logra salir por su cuenta o es rescatado. El cerebro, sin más vueltas, puede que clasifique a los ríos o masas de agua dentro de la lista de "cosas que atentan contra la vida". Puede que ese niño crezca sin saber por qué le tiene tanto miedo al agua, o peor aún, sabiendo la razón y sin poder cambiar esa realidad, pues su cerebro ya ha dictado la sentencia de que los ríos son peligrosos.

Lo que quiero decir con todo esto es que algunas cosas que se encuentran ahora mismo dentro de tu zona de confort, puede que te estén ocasionando un gran dolor en tu vida. Aun así, tu cerebro te pedirá que aguantes ese dolor porque, según sus criterios de clasificación anticuados, tú estás en este mundo gracias a sus elecciones. Así que cada vez que intentes explorar una nueva serie de situaciones o cosas no clasificadas previamente por él, este hará todo lo que esté a su alcance para desviar tu atención, llevándote a realizar de forma constante tareas que le permitan a él seguir ahorrando energía.

Toda esta energía la necesita por si hay algún acontecimiento especial del que se deba encargar para salvarte la vida, por ejemplo, el ataque de un animal salvaje, evento que antiguamente formaba parte de la cotidianidad de un ser humano.

Y ¿cuáles son esas tareas que tanto le gustan a tu cerebro? Pues **las que no implican esfuerzo y proporcionan placer inmediato**. Un buen ejemplo de esto son las rutinas y todo tipo de entretenimiento: series de televisión, revisar las redes sociales, salir de compras o simplemente estar echado en el sofá sin hacer nada.

¿Qué pasaría si un día te levantas y dices, por ejemplo: "Querido cerebro, ¡esto se acabó!, necesito más dinero y lograr las cosas que siempre he soñado, así que lo primero que voy a hacer es comenzar a desarrollar el emprendimiento que siempre he querido sacar adelante"?

Si tu cerebro pudiese contestar, te diría algo así como: "¡NO! Eso nunca lo hemos hecho antes, y no sabemos con qué situaciones peligrosas podríamos encontrarnos. Sin embargo, no quiero que te desanimes, porque eso es nocivo para nuestra salud, quiero que mantengas la ilusión, así que mejor pensemos en que algún día lo harás, pero no hoy. Ahora veamos un rato las redes sociales, ya que por una hora de distracción no va a pasar nada, además te lo mereces. Luego podemos mirar mejor lo del emprendimiento ese". Esto mismo sucederá al día siguiente y al siguiente también.

De este análisis podemos rescatar dos ideas principales con respecto a este órgano de nuestro cuerpo:

1) La primera de ellas es que su principal función es la de mantenernos con vida y afortunadamente eso nunca va a cambiar, lo cual está bien. Necesitamos que siga siendo así. Él seguirá haciendo que nuestro cuerpo preserve la mayor cantidad de energía posible, mientras se concentra en identificar peligros y prepararnos para luchar o huir cada vez que sea necesario.

   Así que es importante que sepas que, en ningún momento, reclasificar o sustituir las creencias restrictivas que pudieses tener va a reemplazar las funciones principales de tu cerebro poniendo en riesgo tu vida.

2) La segunda cosa importante a saber es que nuestro cerebro funciona como una especie de computador, cuyos programas de seguridad no tienen la posibilidad de

actualizarse automáticamente. Partiendo de esto, no es difícil entender que al cerebro le cueste tanto diferenciar entre una amenaza real, que **atenta contra tu vida** (como podría ser el ataque de un león), y una amenaza ficticia **que parecieran atentar** contra ella, pero no lo está haciendo (como podría ser que te despidan de un empleo).

Las amenazas ficticias son las más comunes de nuestros tiempos, y son capaces de colocarnos en el mismo estado de estrés que las reales si no hacemos un esfuerzo por diferenciarlas y restarle importancia.

Lo que debemos aprender a entender de todo esto es que no todo lo que percibimos como seguro lo es, y no todo lo que nuestro cerebro nos muestra como peligroso significa una amenaza real.

Pero ¿cómo sabemos si, en nuestro caso, el cerebro se estará equivocando al protegernos de ciertas cosas que no son verdaderamente amenazadoras?

Lo sabemos cuando no fluimos en ciertos aspectos de la vida, cuando nos estancamos en áreas donde aparentemente estamos haciendo lo que hay que hacer, respetando nuestra clasificación de cosas seguras e inseguras, y aun así no nos sentimos plenos ni nos sentimos fluyendo.

Preguntándonos si estamos felices con la vida que tenemos, y si no lo estamos, qué tanto nos está costando ir en busca de esa otra vida ideal.

En mi caso, el cáncer era una evidencia clara de que mi cerebro se había equivocado clasificando muchas cosas nocivas en la lista de las "cosas seguras que garantizan la vida". Eran tantas que una amenaza de muerte real había llegado sin que él ni yo la hubiésemos visto venir. Si no hubiese hecho algo radicalmente distinto en contra de su voluntad, es muy probable que no hubiese sobrevivido. Tuve que forzarlo para que saliera de su zona cómoda y conocida con rapidez y convencerlo de que había que probar cosas nuevas urgentemente, pues las cosas conocidas, más allá de protegernos, esta vez nos estaban llevando de manera precipitada a terminar con nuestras vidas.

Sabiendo todo esto, queda claro por qué al cerebro no le gustan los cambios, es como si contrataras a un **guardián** para que cuide tu casa de posibles intrusos, pero quisieras que además hiciese la función de gerente creativo. Al guardián solo le gusta ser guardián, pero eso no quiere decir que no pueda ser un buen creativo también.

Hoy en día no necesitamos a nuestro cerebro en la misma forma que hace miles de años lo necesitaron nuestros antepasados, no hay bestias acechándonos por todas partes con la intención de devorarnos.

La mayor parte de nuestras amenazas nos las creamos nosotros mismos, por lo cual tenemos una mayor necesidad de un cerebro con un perfil creativo que nos permita desarrollar ideas y planes para cambiar nuestra vida con base en los nuevos desafíos de nuestra era. Es importante entrenarlo para que, además de ser guardián, también pueda diseñar la vida que queremos, ayudarle a entender que el mayor porcentaje de su capacidad no está siendo utilizado adecuadamente y que la mayoría de las amenazas que ve no son reales, aunque lo parezcan.

Quedar desempleado, divorciarnos, pagar los impuestos o pagar las cuentas de fin de mes no atenta contra nuestras vidas como lo haría un depredador y, sin embargo, reaccionamos químicamente de la misma manera, secretando las mismas sustancias. Estas sustancias son muy útiles en el caso de un ataque real, pero muy nocivas en el caso de una amenaza ficticia; especialmente si mantenemos esta confusión en nuestra mente de una manera prolongada, puesto que, además de que puede llegar a enfermarnos, hace que se bloquee ese lado creativo que tanto necesitamos en el día a día para la resolución de problemas.

Nadie está pensando en crear mientras está ocupado en ver cómo salva su vida, de hecho, una de las principales características del estado de lucha y huida, es que nuestra visión periférica disminuye para concentrarnos solo en la amenaza o problema. Esto hace que percibamos a ese problema como lo único a lo cual hay que prestarle atención, quitándonos así la capacidad de ver las oportunidades de las que constantemente estamos rodeados.

Los caminos viejos no llevan a destinos nuevos

Lo que piensas crea lo que eres.

———

Si aún no tienes la vida que deseas tener es porque aún no te has convertido en la persona que deseas ser y, en ese proceso de transformación, tu principal aliado es el cerebro. Sin embargo, antes de hablar más de él y de los cambios que podríamos crear dándole un entrenamiento adecuado, hablemos de otra parte de ti, una que no podemos ni queremos cambiar: **tu esencia**.

La esencia es aquello que proviene de lo más profundo de tu ser, tu poder superior, lo que te hace único y diferente al resto de todos los seres del universo. Aquello de lo que te sientes orgulloso o tal vez de lo que sientes vergüenza de mostrar al mundo sin sospechar que es lo mejor de ti.

Es una energía mágica que te permite tener una fuerza extrema y que permanece intacta en cualquier ámbito de tu existencia. La esencia está vinculada al amor, y a veces puedes compartirla con el mundo a través de un talento, una visión o una idea.

Sin embargo, por encima de tu esencia vienen capas y capas de información provista por las circunstancias en las cuales creciste y te desarrollaste. Estas capas van camuflando y tapando, poco a poco, las características que te hacen tan particular y único, hasta que casi no se ve quién eres en realidad, incluso hasta que tú mismo empiezas a confundirte y llegas a desconocerte.

Empiezas a tener confusiones que afectan las decisiones que vas tomando a lo largo de tu vida y empiezas a dudar de cosas como, por ejemplo, qué carrera estudiar, en qué trabajar o con qué pareja estar. Cuando alguien te dice: "sé tú mismo" o "nunca dejes de ser tú", se refiere a que mantengas el respeto a aquello que eres en esencia, que te mantengas en coherencia con esa parte mágica y amorosa que proviene del núcleo de tu ser.

Esas "capas" que cubren nuestra esencia existen porque nuestro cerebro les da el permiso de crearse, de que se alojen en nosotros y de que se vayan expandiendo con el tiempo, bajo la suposición, a veces errada, de que sirven para protegernos cada vez mejor.

Sin embargo nuestro cerebro, con frecuencia, no se da cuenta que muchas de estas capas se crean con la ayuda de los programas de clasificación anticuados de los cuales hablábamos anteriormente, influenciados por un entorno que constantemente le obliga a creer que si no hace las cosas como se le dice, y no como él piensa que son, está actuando en contra de su propia supervivencia. Y en cierto modo así es, pues sin ese entorno no podríamos evolucionar ni avanzar hasta habernos convertido en la raza dominante que somos.

Es por esto que sería muy injusto e inapropiado clasificar a todas las creencias del entorno como negativas para nuestra evolución, o a todas como positivas para el mismo fin. Para efectos de este libro, estaremos trabajando en descubrir cuáles son aquellas que nos detienen, es decir, las capas que cubren tu esencia alejándote de la posibilidad de convertirte en tu mejor versión.

Como dije, es a tu cerebro a quien queremos cambiar, no a tu esencia, pues es allí donde radica tu fuerza y también tus virtudes. Y, aunque sé que es difícil visualizar la diferencia entre esencia y cerebro o mente, también sé que llevando a cabo las estrategias de autocontemplación adecuadas es posible lograrlo.

Aclarado esto, hablemos de tu cerebro entonces.

Entre las muchas cosas que diferencian a los seres humanos del resto de las especies se encuentra la **metacognición**, tu capacidad de tener conciencia y control sobre tus propios pensamientos y procesos de aprendizaje. También tienes la **plasticidad cerebral**, que no es más que la capacidad del cerebro humano para adaptarse al cambio.

Así que, por un lado, estás en **capacidad de analizar todo aquello en lo cual te mantienes pensando en tu día a día y de separar lo que te sirve de lo que no te sirve** para la consecución de tus objetivos. Y, por otro lado, tienes la **capacidad de hacer que esta nueva manera de pensar quede fijada en tu cerebro** a través de ciertas técnicas que exploraremos. Como sabes, yo quería cambiarme por una persona sana y capaz de conseguir una serie de objetivos que nunca antes había podido conseguir.

Desde mi punto de vista estamos a punto de adentrarnos en la parte más importante, significativa y útil de este libro.

Si cambias la persona que eres, puedes cambiar los resultados que tienes. Como he dicho antes, la manera de cambiar la persona que eres es cambiando los pensamientos que tienes. Estos pensamientos, a su vez, cambian tus emociones; y estas emociones modifican la química y estructura física de tu cerebro.

Con este "nuevo" cerebro puedes cambiar tus resultados.

Tal vez estés pensando que si supieras cuáles son esos pensamientos que debes cambiar -o que no debes tener- ya los habrías cambiado, entonces ¿cómo puedes hacer para identificarlos? Es más sencillo de lo que parece, y se trata de desarrollar la observación consciente.

Tómate un intensivo de 2 a 4 días de tu vida cotidiana, o el tiempo que necesites, para identificar en qué momentos del día tienes emociones que te hagan sentir malestar o emociones de baja frecuencia. Estas emociones vienen dadas por pensamientos perjudiciales llamados comúnmente "negativos".

Por ejemplo, si vas conduciendo y se te atraviesa un coche y tú te molestas, eso es una emoción negativa que debes identificar; si estás en tu trabajo y sientes que todo lo que te dice tu jefe es para hacerte daño o abusar de ti, también. Si sientes rabia por que tu hijo no recoge los juguetes o porque tu esposo parece que nunca escucha lo que le dices, allí tienes otra. Si te sientes triste porque nunca tienes pareja, estás estresado porque tu negocio tuvo una caída en ventas o asustado porque la economía de tu país se desploma, todo eso son emociones que te restan poder y a las cuales no debes darle cabida en tu vida, mucho menos de una manera sostenida.

Lo repito de nuevo: todo aquello que piensas tiende a generar una emoción que, a su vez, activa una red de neuronas específicas en tu cerebro, así que cuantas más veces te permitas sentir una determinada emoción, más veces se activa esa red de neuronas asociada a dicha emoción, contribuyendo esto a fortalecer esos circuitos que van modificando las conexiones de tu cerebro.

Es decir, **tu cerebro cambia con cada cosa que piensas, indiferentemente, si la dices o no, si la haces o no.**

Cuando prestas mucha atención a un pensamiento se puede afectar tu estado de ánimo para bien o para mal, y un estado de ánimo sostenido se termina convirtiendo en un rasgo de tu personalidad debido a todas las veces que se activaron los circuitos neuronales que, a su vez, modificaron tu cerebro.

Alguna vez habrás escuchado cosas como: "Él o ella no eran así antes que le pasara tal cosa...". Cuando la personalidad de alguien cambia a raíz de un evento es porque mantuvo un estado de ánimo específico por un tiempo sostenido demasiado largo (esto descartando que haya tenido un accidente físico en su cerebro, lo cual podría cambiar sus rasgos de personalidad también).

Tanto las emociones que te hacen sentir bienestar, como las que te hacen sentir malestar, generan una bioquímica característica que afecta tu organismo. Si las emociones que te hacen sentir mal son superiores a las que te hacen sentir bien, esto podría terminar convirtiéndote en una persona triste, amargada, depresiva, con una vibración baja y sin capacidad de atraer las cosas que quieres para tu vida, al menos de una manera fluida. Incluso podrías terminar teniendo una enfermedad, ya que con el tiempo saturarías la capacidad que tiene tu cuerpo para regular la bioquímica perjudicial a la cual tus pensamientos podrían dar origen.

Otra manera de reconocer los pensamientos que debes eliminar de tu rutina diaria es identificando aquellas áreas donde existe dolor, molestia o insatisfacción. Por ejemplo en el área de relaciones personales, la del dinero, salud, laboral, etc., tal como lo expliqué en el apartado de las creencias que nos debilitan.

Todas aquellas áreas, en las cuales sientes estancamiento o malestar, están asociadas a un sistema de creencias que no están siendo útiles para ti. Estas creencias las adquiriste como consecuencia de una interpretación poco conveniente de lo que hasta ahora has considerado como realidad.

Por ejemplo, en mi caso tenía la creencia de que si no trabajaba hasta "dejar la sangre" entonces no sería exitosa en la vida. Claramente es una interpretación errónea y poco conveniente transferida por mis antepasados emigrantes y campesinos, quienes sí dejaron su sangre en el trabajo, literalmente hablando. Sin embargo, también está claro que eso no es una verdad absoluta, no necesariamente quien trabaja más gana más o tiene la mejor vida, para nadie es difícil darse cuenta que las personas con los trabajos más forzados suelen ser las peor pagadas y las que pasan más penurias.

En mi caso, mi mayor éxito profesional y económico, lo he tenido en el momento donde menos he trabajado, pero en el que más centrada, feliz y confiada con la vida me he sentido.

Enciende nuevos circuitos

"Si quieres un nuevo resultado, tendrás que romper el hábito de ser tú mismo y reinventar un nuevo yo". -Joe Dispenza-

---

La mejor manera de no tener pensamientos contraproducentes reiterativos y poder tener ideas que colaboren con la consecución de nuestros objetivos, es trabajando en modificar los circuitos neuronales que nos llevan a esos pensamientos de manera automática. Para entender mejor cómo se puede hacer esto voy a usar una analogía.

Imagínate por un momento un campo lleno de hierba sin ningún camino marcado y por el cual tienes que transitar diariamente para llegar a un destino específico. Al no haber rutas establecidas, te ves en la obligación de pisar esta hierba una y otra vez con el fin de movilizarte. Luego de ir y venir varias veces te das cuenta de que siempre vas por el mismo sitio y sin proponértelo has definido un camino donde ya no crece nada.

Un día, gracias a tu proceso de **metacognición**, reflexionas acerca de este hecho y descubres que tal vez ese trayecto por el cual has venido transitando no es la mejor ruta, así que decides comenzar a caminar sobre una nueva parte del terreno que aún se encuentra virgen con el fin de mejorar tu experiencia diaria en tu objetivo de trasladarte.

La primera vez que lo hagas no será sencillo, no vas a ver bien lo que estás pisando y puede que dudes si ese camino es realmente mejor que el que ya tenías. La segunda vez tampoco será fácil, además, estando la antigua ruta tan accesible y tan limpia de hierba, te sentirás constantemente bajo la tentación de recurrir a ella para llegar rápidamente a donde quieres.

En lo más profundo de tu sabiduría sabes que el camino nuevo es mejor, sin embargo, al principio tu cerebro se sentirá más cómodo usando el antiguo debido a que ya lo conoce y le significa menos esfuerzo. Esta situación irá cambiando en la medida que la ruta nueva se defina y la vieja se vaya borrando. Esto será hasta que tu cerebro la olvide y ya no sea capaz de recordar cómo era ni donde estaba, entonces habrá perdido completo interés en recuperarla.

Algo así pasa con la creación de los nuevos circuitos o redes neuronales del cerebro, los cuales determinan tu manera de pensar de acuerdo a las experiencias de vida que hayas tenido. Cada ruta neuronal es como la primera ruta sobre la hierba, puede que no sea la ideal, pero fue la que definiste de acuerdo a los conocimientos, creencias y pensamientos reiterativos que has tenido a lo largo de tu vida. Quizá no sea la mejor, pero es la más conocida, accesible, rápida y tentadora.

Sin embargo, para acceder a nuevas circunstancias de vida, es necesario trabajar en la modificación de estas rutas, y eso solo se logra cambiando el tipo de pensamientos continuos que nos producen emociones de baja frecuencia.

Como ya dije, mientras desarrollas estas nuevas rutas, sentirás la tentación constante de utilizar las antiguas y esto quiere decir que si siempre te quejabas porque había tráfico, pues será más fácil volver a quejarte antes que alegrarte porque ahora tienes tiempo de escuchar un audiolibro en tu auto, esto debido a que la ruta de la queja está mucho más desarrollada que la del agradecimiento. Si siempre te ponías triste cuando llovía, será más fácil volver a ponerte triste en vez de alegrarte porque puedes salir a jugar con tu hijo en el agua, o si siempre te asustabas ante una enfermedad, será más fácil volver a reaccionar desde el miedo antes que desde la confianza, y así sucesivamente.

Solo tú puedes elegir cada día por dónde pisar la hierba y observar si los caminos que creaste son los mejores para transitar. **Solo tú puedes elegir tus pensamientos** y observar si estos están formando las redes neuronales que necesitas tener para convertirte en la persona que deseas ser. Solo tú puedes decidir pensar reiteradamente, acerca de ti, como una persona con carencias o una persona que vive en la abundancia, una que vive desde el miedo, o una que vive en el amor y la confianza.

¿Cuánto tiempo tardará tu reprogramación?

Hagas lo que tienes que hacer, o no, el tiempo igual va a pasar.

Reprogramar tu mente es un trabajo muy parecido a desarrollar hábitos, y seguramente alguna vez habrás escuchado que desarrollar un hábito tarda 21 días, pero esto no es tan exacto.

El mito de los 21 días nace luego que el cirujano plástico Maxwell Maltz, publicase su famoso libro "Psycho Cybernetics". Allí aseguraba que su experiencia trabajando con pacientes le había llevado a identificar cierto patrón en la capacidad de habituarse a determinadas circunstancias nuevas. Explicaba, por ejemplo, que aquellos a quienes se le había practicado una cirugía que cambiaría su aspecto, tal como sucede con la amputación de un miembro, tardaban un mínimo de 21 días en acostumbrarse a su nueva imagen y a que desapareciera la sensación del "miembro fantasma", esa que da la sensación que la parte del cuerpo sigue conectada a él a pesar de que ya no existe.

El libro no decía que un hábito se creaba en 21 días, lo que decía es que era el tiempo mínimo para desarrollarlo.

Estudios posteriores realizados por Phillipa Llay, han permitido demostrar algo mucho más acorde con mi experiencia personal y con la de aquellos a quienes he apoyado en sus procesos de transformación. Dichos estudios hablan de que la media para cambiar un hábito es de 66 días, aunque esto depende de cada persona, de su motivación, y del empeño que ponga en el desarrollo de cada hábito. Esto debido a que, **en el cambio del sistema de creencias, sentir emociones positivas es fundamental para que el trabajo de reprogramación mental muestre resultados.**

Otro experimento que nos ayuda a aclarar el panorama, en cuanto al tiempo que requerimos para modificar nuestra plasticidad cerebral, es el realizado por Álvaro Pascual-Leone, profesor español de neurología en la Escuela Médica de Harvard.

En este caso se estudió el cerebro de personas ciegas que estaban aprendiendo al leer Braille. Los voluntarios se dedicaban a esta tarea 3 horas diarias de lunes a viernes. Cada viernes al terminar la jornada se "cartografiaba" el cerebro de estas personas, y cada lunes al regresar del descanso del fin de semana, se hacía de nuevo.

Lo que se encontró fue que los viernes, cuando concluía la suma de actividades semanales, la zona del cerebro correspondiente a la parte del dedo índice, utilizada para aprender a leer, mostraba una especie de expansión muy rápida. Sin embargo, el lunes al regresar, estos cambios habían desaparecido.

Durante medio año los "mapas" de los viernes continuaron mostrando un crecimiento, y los de los lunes un regreso al tamaño original. Sin embargo, al cabo de esos seis meses la pauta comenzó a cambiar. Por una parte, los mapas de los viernes ya no eran tan extensos como al principio, pero por otra, los mapas de los lunes mostraban que una buena parte del territorio ganado se conservaba aún.

A los 10 meses los lectores de Braille se tomaron un descanso de 2 meses, y cuando regresaron, sorprendentemente sus mapas de lectura en la corteza motora permanecían con el mismo tamaño que antes del descanso, lo cual significaba que se había consolidado una huella duradera en el cerebro.

Esto dejó claro que **solo la práctica constante realiza cambios profundos y duraderos en nuestro cerebro**, y también nos deja una idea del tiempo que necesitamos para obtener resultados perdurables. Aun así, las experiencias de personas con enfermedades "incurables" que llegan a superar su enfermedad en menos meses, semanas o días de lo que se describe aquí (tal como fue mi caso), sumado a muchas otras historias de éxito que nada tienen que ver con temas de salud, indica que **cuando hay una fuerte motivación y emoción asociada al aprendizaje, los cambios son mucho más rápidos.**

Aun así, y como dice el dicho popular, lo que rápido se aprende rápido se olvida, debido a que no da tiempo que se consoliden las huellas neuronales, y por eso la constancia es fundamental en todo este proceso. No debemos abandonar ni confiarnos demasiado cuando empezamos a ver resultados; por ejemplo, yo no he abandonado muchas de mis prácticas, casi dos décadas después.

Cambiar tu sistema de creencias es un trabajo que puede comenzar a arrojar resultados rápidamente, en días e incluso horas, pero mantenerlo va a depender de la estimulación diaria que le proporciones a tu cerebro en cuanto a las cosas que veas, escuches y digas. También va a depender de la gente que te rodee y de los métodos que utilices, tal como lo explicaré en el capítulo "¡Mente a la obra!" donde te proporcionaré herramientas prácticas y te hablaré de las cosas que debes hacer y evitar para conseguir resultados lo más rápido posible.

Plan de acción

Te conviertes en lo que haces, no en lo que deseas.

Nunca sabré en qué tipo de persona me hubiese convertido de no haber tenido cáncer, solo sé que el miedo a perder mi vida fue el impulso que necesité para convertirme, en tiempo *récord,* en la persona que necesitaba ser.

Las crisis nos empujan al cambio, y cada oportunidad de cambiar es una oportunidad de crecer.

Si tú también estás pasando por una situación difícil, agradécela; porque, aunque ahora no seas capaz de verlo, esa situación es el combustible que te moverá hacia delante. Vino a proveerte de poderes y herramientas que te van a hacer aún más único y especial de lo que ya eres.

Si te encuentras en este caso, lo primero que debes hacer es pensar que **así no es tu vida, que esto es solo un momento de tu vida.** Ese pensamiento te mantendrá a flote mientras encuentras respuestas y mientras descubres los caminos por donde debes avanzar.

Ahora mismo, puede que te sientas en una especie de agujero donde no ves suficiente luz, o tal vez ninguna, pero la habrá, porque **cuanto más oscura está la noche más cerca está de amanecer, y siempre amanece.**

Solo el hecho de que estés leyendo este libro quiere decir que estás buscando la manera de conectar con esa luz, y cuando hayas salido a la claridad del sol te darás cuenta de que haber pasado por ese momento de oscuridad te dejó lleno de regalos, porque **es ante las peores circunstancias cuando se revelan nuestros verdaderos talentos.**

Y si ninguna crisis ha tocado tu puerta agradécelo también, porque aún puedes elegir. En una oportunidad escuché a alguien decir que en la vida tenemos que generar nuestros propios momentos de caos, antes de que ocurran, y puede que tenga algo de razón. Por favor no te quedes con una vida "mediocre", en línea recta, sabiendo que se te están quedando sueños sin cumplir.

Da igual si tu sueño tiene que ver con un trabajo, una relación, un sitio al que quieres ir o un proyecto de emprendimiento. Sal de tu comodidad y **abraza el cambio, porque es lo único seguro mientras estamos vivos.**

La vida es un parpadeo, y con todos los estímulos que existen hoy en día se nos escurre entre los dedos más rápido que en ninguna otra época de la humanidad, al menos perceptualmente hablando.

Si el caos no toca tu puerta, búscate un pequeño caos y encariñate con él, **sin caos no hay creación** y sin creación no hay nada, además **la comodidad es la peor enemiga de la evolución.** No me refiero a que te busques un problema innecesario, me refiero a que soluciones las cosas por hacer, las asignaturas pendientes, que salgas de tu rutina confortable y aparentemente segura, para hacer cualquier cosa que rete a tu cerebro y te mantenga creando nuevos circuitos neuronales.

Plantéate comenzar algo nuevo como ejercitar tu cuerpo con alguna técnica que no hayas usado antes. Viaja, estudia algo diferente, cambia la disposición de muebles en tu casa, la ruta por la cual vas al trabajo, conoce gente nueva o haz cualquier cosa que te ayude a ser más recursivo, para que los cambios bruscos de la vida no te tomen por sorpresa, y sean como suaves olas que vienen y van, en vez de maremotos que llegan a dejarte la sensación de que han destruido todo.

En las nuevas formas de vida que el mundo nos ofrece, los cambios vienen cada vez más rápidos y fuertes. **No cambiar ya no es una opción.** Pero no te asustes, tu cerebro está equipado para eso y mucho más, solo tienes que mantenerlo entrenado y con un sueño grande en mente que funcione como tu punto de guía, como la estrella polar que no dejará que te pierdas en el camino.

Solo un propósito fuerte, que te haga sonreír y sentir ilusión cuando pienses en él, hará que los pequeños baches del camino sean insignificantes. Si aún no tienes este propósito, es posible que las próximas páginas te ayuden a descubrirlo.

Para darte apoyo en tu proceso de reinvención, o en el cambio que pudiese estar necesitando tu vida, compartiré contigo lo que a mí me hubiese gustado tener desde que existo: un método detallado que he sintetizado en 4 pasos fáciles de memorizar y al que he llamado **Neurolead**. El mismo que me ayudó a salvar mi vida, conseguir mis más grandes sueños y los de todas aquellas personas a quienes he tenido la fortuna de poder ayudar en sus propios procesos.

Aquí un resumen de esos cuatro pasos en los cuales estaremos profundizando:

- **Creer:** En este paso aprenderemos a diferenciar las limitaciones reales de las mentales que han sido impuestas por el entorno. Hablaremos de herramientas para identificar y combatir esas ideas preconcebidas que no nos permiten avanzar, y veremos ejemplos que nos ayuden a convencernos de que **cualquier cosa es posible**.

- **Replantear:** Aquí valoraremos la posibilidad de que nuestros objetivos no son lo que de verdad queremos, y que pudieron haber sido diseñados con base en lo que otras personas nos dijeron que debíamos querer. Aprenderemos a colocar **objetivos** que nos llenen de ilusión y que nos lleven **por encima de nuestros propios estándares.**

- **Reprogramar:** Esta fase trata de cómo aprovechar nuestra plasticidad cerebral para construir **nuevos hábitos** que nos conduzcan a convertirnos en la persona que necesitamos ser para lograr los objetivos que deseamos lograr. Aquí veremos cuáles son algunos de esos hábitos.

- **Actuar:** Se trata de aprovechar el **ahora**, concientizarnos de la importancia y poder del momento presente, aprovechar el rol fundamental de la energía en todo proceso de cambio.

Comencemos a trabajar entonces, identifiquemos cuál es la información que manejas actualmente y cuál de ella debe ser reemplazada, o incorporada, por aquella que encontrarás en las próximas páginas.

"Los analfabetos del siglo XXI no serán aquellos que no sepan leer y escribir, sino aquellos que no sepan aprender, desaprender y reaprender" (Alvin Toffler).

Paso 1: CREER

-Desbloquea tu capacidad de soñar-

Algo que parece imposible puede comenzar a verse posible cambiando la manera de verlo.

El trébol de 4 hojas

Luego de que mi médico me diera la noticia de que estaba curada, y mientras asimilaba todo lo que me había pasado, estuve pensando por días en el poder que tenían mis pensamientos y la manera como estos se manifestaban en la realidad. Sintiéndome "tocada" por la magia de la vida, decidí que quería hacer un viaje a España para visitar a mis abuelos.

En aquel momento, aún estaba desarrollando mi mentalidad de abundancia, y significaba para mí cierto esfuerzo en tiempo y dinero hacer dicho viaje, pero definitivamente quería ir. El cáncer me había dejado claras las prioridades de vida y me había enseñado a tener más confianza en los procesos.

Habiendo llegado a España, una amiga que vivía en Londres me invitó a visitarla y, aunque en mi cabeza aquello representaba un gasto demasiado grande sumado al viaje que ya había hecho para estar con mi familia, yo deseaba ir.

Ese día me acosté en el jardín de mis abuelos y me puse a pensar si realmente el método que había usado para curarme servía para todo, tal como decía la teoría. Aún me seguía preguntando si de verdad podía confiar en que cualquier cosa era posible.

Entonces se me ocurrió que, si de verdad mis pensamientos servían para conseguir todo lo que quería, en ese momento estiraría mi mano y arrancaría del suelo algunas hierbas sin mirar, concentraría toda mi energía y, si efectivamente el universo respondía al poder de mi mente, en esas hierbas **tendría que haber un trébol de 4 hojas.**

Decidida a llevar a cabo el experimento, atraje toda mi capacidad de **creer** en lo imposible a ese minuto de mi vida. Estando acostada en el suelo estiré la mano y, con los ojos cerrados, agarré unas ramas y las dejé allí entre mis dedos. Por un momento no me atreví a mirar lo que había agarrado, debido a que repentinamente toda mi energía positiva se había convertido en miedo.

Ya conocía esa sensación perfectamente. Al igual que con el cáncer, primero había confiado con toda mi fuerza y luego me había derrumbado en el último momento, justo antes de verificar si el cambio en mis creencias había dado resultados.

Allí estaba de nuevo, en una situación parecida a la de unos meses atrás en la sala de espera de mi médico el día que aguardaba por su revisión para que me dijera si el cáncer seguía habitando en mi cuerpo o no. Una vez más, a punto de verificar si mis pensamientos realmente eran capaces de influenciar mis resultados.

Quería aprender a creer, y aunque ahora tenía la evidencia de que podía lograr grandes cosas, mi "antiguo yo" cuestionador, cuadriculado y que solo creía en lo demostrable, reapareció en aquel preciso momento. Esa voz aturdidora diciéndome que aquello era una tontería, preguntándome qué hacía yo de nuevo experimentando con cosas que parecían estar más cerca del esoterismo que de la ciencia. Sin embargo, también escuchaba esa otra voz que me decía:

"¡Hey! Recuerda que esto te ha funcionado antes, entonces no vuelvas atrás, no regreses a tus limitaciones mentales y a las creencias que casi te cuestan la vida, cree. Aunque no seas capaz de entender cómo todo esto puede ser posible, recuerda que **no porque no lo entiendas quiere decir que no funciona**, no porque no lo entiendas no tiene una explicación científica, confía y recuerda que cambiar tus creencias te salvó la vida. Incluso, si al abrir tu mano el trébol no está allí, ni siquiera eso quiere decir que tus nuevas creencias están erradas, solo quiere decir que tienes que seguir practicando en tu autoconfianza."

Aquel diálogo en mi cabeza había sido una réplica casi exacta de lo que había pensado el día que estuve sentada en el lobby del consultorio de mi médico. Me incorporé, y con algo de "ruido" en mi mente aún y fui abriendo mi mano poco a poco con el fin de verificar lo que había agarrado. Empecé a ver un pequeño tallo verde, unas hojitas arrugadas y de pronto cuando terminé de abrirla allí estaba: **un espléndido trébol de 4 hojas.**

Me levanté apurada y verifiqué que no hubiese obtenido aquel ejemplar tan particular de una colonia de tréboles de 4 hojas, aunque ni siquiera sé si eso existe, y de ser así supongo que me hubiese servido igual.

De verdad esto funciona —pensé—, no lo entiendo, ¡pero funciona!

Aquel resultado sin una explicación evidente para mí, me dio impulso para ir a ver a mi amiga a Londres. Tenía el dinero para el pasaje pero no para la estadía, así que en un acto de fe solo compré el billete de ida y vuelta.

Llegando allá sucedió otro milagro, apareció en mi cuenta el dinero que me faltaba. Provenía de un supuesto bono de productividad que ni siquiera existía en mi empresa y que, por cierto, no volvió a existir; pero fue gracias a él que pude financiar mis vacaciones en Europa sin ninguna preocupación.

Aquel fue el primero de una cadena de viajes increíbles alrededor del mundo.

Desde ese día entendí que la razón por la cual no alcanzamos nuestros sueños no es la falta de dinero, de tiempo, ni de ningún tipo de recurso, es por la falta de creer, la falta de confianza en el proceso de la vida y en nosotros mismos.

Entendí que **algunas cosas nunca llegan a suceder, simplemente porque no creemos que pueden ocurrir.** Desde entonces, **"soy realista, creo en los milagros"** (Wayne Dyer).

También entendí que, **si crees solo en lo que ves, corres el riesgo de vivir engañado durante toda tu vida.**

Somos seres con un poder fascinante e insospechado, haciendo cosas increíbles continuamente desde cada rincón del mundo. Cosas que no siempre pueden ser fácilmente explicadas por la ciencia, al menos no en el justo momento en que suceden.

Es por eso que creer únicamente en aquello a lo cual el hombre ya ha podido dar explicación, como lo hacía yo en el pasado, es vivir dentro de una pequeña caja de opciones y oportunidades que, en realidad, son infinitas.

Nuestro poder interior está por encima de cualquier explicación científica. Nosotros dediquémonos a creer, y luego la ciencia hará lo suyo limitándose a buscarle una explicación a aquello que hemos creado. Es imposible que sea al revés, la ciencia no puede explicar cómo sucedió algo que nunca ha pasado, justamente porque no ha pasado. Primero viene el "milagro", la "magia", o como sea que tú decidas llamarlo, y después vendrá la explicación.

Por eso es tan absurdo creer únicamente en aquello que está científicamente respaldado, porque nos limitaríamos a navegar por siempre dentro de lo que ya es conocido. Si todos los seres humanos se dejasen guiar solo por esto, nadie descubriría ni lograría nada nuevo nunca.

Lo que quiero decirte es que **jamás cometas el error de limitar la posibilidad de alcanzar un sueño basándote únicamente en lo que otros hayan logrado antes** o, mejor dicho, en lo que no hayan logrado. Los límites de la humanidad aún no han sido definidos por nadie, rompemos nuestros propios *records* constantemente, y años de historia demuestran que, si alguna especie no se ha conformado con los caminos que ya estaban preestablecidos, es la nuestra.

Desata tus sueños

Reconecta con tu poder creativo.

Aprender a soñar y a creer que **todo es posible** es quizás el paso más importante para que el resto de este libro tenga aplicabilidad en tu vida. Soñar suena como una tarea fácil, sin embargo, no se practica tanto como creeríamos.

Dejamos de soñar por muchas razones, entre ellas:

- Porque **nos causa temor defraudarnos** a nosotros mismos. No queremos soñar demasiado grande por si luego no podemos lograr lo que algún día imaginamos.
- Porque **hemos perdido el hábito**. Cuando éramos niños teníamos fantasías increíbles, pero al ir creciendo nos vamos llenando de conocimiento y lógica que van matando lentamente cada una de esas ilusiones.
- Porque los seres humanos **solemos dar respuestas de acuerdo a la expectativa del grupo social que nos rodea**, y a veces ese grupo nos convence de haber logrado todo lo que soñábamos simplemente cuando sus expectativas quedan cubiertas.

¡Tienes que salir de la caja! Debes pensar qué es aquello que desearías lograr si no hubiese obstáculos. Dedica los primeros minutos de tu mañana y los últimos antes de irte a dormir para pensar en lo que te hace vibrar.

Cuestiona tus circunstancias, ¿está todo bien así como está? ¿y si vivieras en otro país, en otra cultura, si tuvieses más dinero, si tuvieses más estudios, si tuvieses otra pareja?

Si alguna de esas cosas fuese diferente, ¿seguirías soñando con lo mismo que sueñas hoy? Puede que no, puede que tuvieses aspiraciones totalmente distintas, y es allí a donde debes hacer un intento por llegar. Todo lo que te impide soñar en grande son solo limitaciones ficticias que existen únicamente en tu cabeza. Nada es una buena excusa para no ser quien de verdad quieres ser. ¡Vuelve a soñar! **Los sueños se pueden materializar cambiando nuestra percepción de la realidad.**

Bloquea temporalmente tu entorno

Date espacio para conocer tus verdaderos deseos.

Muchas veces nuestros seres queridos están felices y orgullosos de esa persona en la cual nos hemos convertido y de todo lo que hemos conseguido, simplemente, porque encaja con lo que a ellos les enseñaron que era adecuado o con lo que ellos interpretan como éxito.

Sin embargo, puede ser, que al igual que me pasaba a mí, algunas personas sigan sintiendo una especie de vacío, incluso habiendo obtenido todo lo que su entorno esperaba de ellas. Puede que quieran ir por cosas diferentes, pero no se atreven porque suponen que aventurarse a la búsqueda de nuevos objetivos podría poner en riesgo lo que ya habían conseguido con anterioridad, y esto significaría defraudar a personas que aman.

Aun así, un día se levantan fantaseando con una nueva idea, por ejemplo, con la de tener un trabajo que les apasione más que el actual, que no limite su creatividad, que les permita más tiempo para disfrutar de la vida y la familia que, además, les proporcione mejores beneficios económicos.

Se lo cuentan a algún familiar, amigo o a su pareja, y con eso suele llegar el momento en el cual le ponen "los pies en la tierra" y les recuerdan que deberían estar agradecidos por lo lejos que han llegado y la estabilidad que han obtenido. Le recuerdan también que lo que tienen no es algo que cualquiera posea, y menos en "estos tiempos", que mejor se dedique a cuidarlo.

Es entonces cuando esta persona regresa al mismo sitio donde estaba, a la famosa zona de confort y se sigue levantando cada mañana para tomar el transporte público, o su automóvil, e ir al mismo trabajo, con las mismas insatisfacciones de siempre.

No se siente feliz, pero siente que está "seguro". Al final, se da una palmada en el hombro y se dice a sí mismo: "Pues sí, es verdad, debería estar agradecido por lo que tengo, finalmente no es tan malo. Hay gente que está mucho peor que yo, que ni siquiera tiene trabajo".

En todos los casos, el agradecimiento siempre es algo maravilloso, de hecho, pocas cosas nuevas obtendremos en el futuro si no empezamos por agradecer lo que tenemos en el presente. **El agradecimiento hacia el presente es el escalón que precede a la consecución de nuestros sueños.** Pero aun así, estar agradecidos con lo que tenemos no tiene por qué suprimir el deseo de querer acceder a nuevas y mejores circunstancias.

Para explicar mejor lo que quiero decir en casos como este, siempre suelo usar la siguiente analogía:

Te habrá pasado que alguna vez has visto a un hombre o una mujer que sabes que es guapo o guapa y que a todo el mundo le gusta, tus conocidos siempre hablan de él o ella, pero a ti no te llama la atención. A pesar de que eres capaz de reconocer que es una persona atractiva, y que cumple con los estándares de belleza más que básicos, a ti no te atrae.

Ahora, imaginemos que tú le gustas a esa persona. Si quisieras la podrías tener para ti el resto de tu vida porque está totalmente disponible, si de estar contigo se trata, además serías la envidia de todos tus conocidos.

En esta situación hipotética de que le gustes mucho a una persona así, que no te gusta a ti, quizás podrías terminar teniendo una relación corta con ella. Seguramente lo harías por presión y deseabilidad social o, tal vez, porque el ego no quisiera dejar marchar tan fácilmente a esa especie de "estrella de cine" que está pasando por tu vida, pero ¡sigue sin gustarte!

No hay amor, no hay pasión, no hay compromiso, y entonces te pregunto: ¿Cuánto tiempo podrías soportar estar con una persona bajo estas condiciones, solo porque a los demás les parece la mejor opción?

No es muy difícil entender que, por el hecho de que esa persona quiera estar contigo, no significa que tú quieras estar con ella, incluso siendo el mejor partido del planeta según tus amigos y familiares.

Lo mismo pasa con los trabajos y el resto de los sueños que componen la vida, puedes tener el mejor trabajo del mundo, la mejor pareja del mundo o la mejor vida del mundo, pero si no te gusta a ti, si no sientes pasión, será una relación de engaño en donde eres tú el que más perderá.

Puede que incluso en tu entorno te admiren por ese trabajo, pareja o vida que tienes, que piensen que tienes algo superior a lo que ellos pueden llegar a conseguir nunca, o que piensen que lo que has obtenido, por fin, "está a tu nivel" según lo que ellos desean para ti. Pero eres tú el que va cada día a ese trabajo, el que duerme cada día con esa pareja y el que vive cada día esa vida, no son ellos.

Yo tuve el trabajo perfecto, el esposo perfecto, la casa y el auto que mis padres esperaban que tuviese a mi corta edad, todo lo que me habían dicho que tenía que tener para ser considerada una persona que había logrado cubrir los estándares mínimos esperados. Esos que correspondían con la educación que me habían dado y a la familia de donde provenía, sin embargo, **era tan infeliz con todo este "equipaje" obligatorio que terminé enfermándome.**

La pregunta que debes hacerte con respecto a la vida que estás viviendo es la siguiente: ¿Es este tu sueño, o es el sueño de ellos para ti? ¿Estás trabajando por lo que genuinamente deseas obtener en lo más profundo de tu corazón, o por lo que otros te dijeron que tenías que tener? ¿Estás haciendo las cosas por el amor que sientes hacia ti mismo o para ganarte el "amor" de quienes te rodean?

Pero, ¿por qué nuestro entorno no nos secunda ni nos ayuda a sacar adelante nuestros verdaderos sueños? O incluso, ¿por qué nosotros mismos, a veces, nos comportamos igual con los demás? ¿Por qué somos nosotros quienes a veces matamos la ilusión de nuestros hijos, nuestros empleados, compañeros, amigos, etc.?

Hay muchas razones. Aquí algunas de ellas, sin orden de importancia:

<u>Para proteger</u>: ¿Qué padres no quieren que a su hijo le vaya bien en la vida? Claro, siempre hay excepciones, pero lo común es desearle lo mejor. Entonces, ¿por qué un padre no dejaría que su hijo se convirtiera en una estrella de rock, en un pintor de arte, o en un jugador de fútbol famoso? La respuesta es sencilla. En la mayoría de los casos es porque no quiere que sufra, no quiere que sus hijos se enfrenten a la realidad de que tienen que esforzarse mucho para sobresalir en una carrera que, desde su punto de vista, puede ser ingrata y sacrificada.

A veces creen que no tienen la capacidad, que no tendrán la

perseverancia, o tal vez creen que en ese medio puede ser muy difícil sobrevivir. Lo mismo pasa cuando opinan los amigos, los abuelos, tíos, etc.

De pequeña quise ser bailarina de ballet, y la respuesta que obtuve de mi padre fue que no permitiría que su hija se muriese de hambre con algo que nunca le daría dinero para vivir. Luego quise ser arquitecta, pero un amigo arquitecto me dijo que era muy difícil encontrar trabajo en eso. Quise ser diseñadora gráfica, mi padre dijo que eso ni siquiera era una carrera. Quise ser psicóloga y mi padre lo veía como una carrera demasiado difícil de estudiar. Quise ser escritora, pero ni yo misma pensaba que eso fuese una profesión. ¿Qué crees que terminé estudiando? Pues, obviamente, una carrera donde mi padre pensaba que tendría campo laboral, que prometía un buen sueldo y que además fuese de utilidad para su negocio, en mi caso fue Administración de Empresas.

Lo más curioso es que cuando llegué a la universidad y tuve mi primer grupo de amigos, todos hijos de profesionales muy prósperos, me di cuenta de que uno de los más cercanos a mí era hijo de una bailarina de ballet y un psicólogo; el otro hijo de un diseñador gráfico y el otro, sobrino de un arquitecto muy exitoso. ¿Casualidad? Yo no creo en las casualidades. Creo que la vida me estaba dando una lección importante que solo entendí muchos años después: **cuando la gente honra sus sueños siempre puede ser exitosa, sin importar si a otros les parecen bien o mal esos sueños.**

Después de todo, los padres son víctimas de sus propios miedos y limitaciones, al igual que la mayoría de la gente. Como ya dije antes, ellos hacen lo mejor que pueden con lo que saben y lo que tienen, nadie viene con un manual de cómo ser padre. El mío, uno de los seres que más amo y respeto, al igual que a mi madre, también hizo todo pensando en lo mejor para mí. Tanto ellos, como mi amigo, sólo intentaban protegerme de los fracasos.

No se creen capaces de lograr lo que tú quieres lograr: Esta es otra de las razones por la cual la gente mata nuestros sueños sin querer, y es más común de lo que parece.

Cuando alguien no es capaz de lograr algo, cree que sus semejantes tampoco lo podrán conseguir. Esto también es una manera de proteger a las personas que amamos, no queremos que intenten algo que consideramos imposible. Estoy segura de que fue lo que le pasó a mi papá cuando me dijo que no estudiara psicología porque era muy difícil (aunque en realidad usó palabras mucho más fuertes, dijo que esa carrera solo la podían estudiar personas inteligentes).

Lo que de verdad estaba pasando lo comprendí muchos años después: mi papá lo consideraba difícil para él, y esta creencia provenía de cuando era un niño. En aquel entonces vivía en una pequeña aldea con unas cuantas docenas de personas, y allí le habían enseñado que ellos no eran personas con posibilidades de estudiar porque no tenían tiempo, dinero, **ni inteligencia**. Le hicieron creer que la gente realmente inteligente no provenía de sitios como aquellos.

Aun así, había un psicólogo cerca de su aldea que además había escrito un libro. Cuando era pequeña, mi papá me hablaba de él como si de un ser sobrenatural se tratase, su conclusión era que este hombre tendría que poseer una inteligencia exageradamente superior a la del resto de los habitantes de su pueblo para haber logrado algo que a ellos les habían dicho que no era posible.

Hoy en día las cosas no son muy diferentes por aquel lugar, muchos se siguen creyendo esa gran mentira que aún les cuenta su entorno. Viven sometiéndose a una vida de sufrimiento y esfuerzo que continúan considerando como su única opción, mientras que otros decidieron alejarse para crear una nueva realidad. **Recuerda: tu entorno afecta tu percepción de la realidad.**

Un día, en unas vacaciones por aquel sitio, conversaba con un conocido que no había visto en años. Él me preguntaba cómo iba mi vida en el exterior y le conté que justo en aquel momento estaba participando en un proceso de reclutamiento y selección en un nuevo país para una nueva empresa, y que estaba a punto de cambiar de trabajo. Recuerdo haberle dicho que no aceptaría cambiarme por menos de diez mil dólares mensuales, y él me respondió que eso era imposible que me lo pagaran, que nadie ganaba eso en el mundo y que me conformara si me pagaban unos mil o dos mil dólares al mes.

Lo que pasaba aquí es que en el entorno de esta persona, probablemente, no había nadie que ganara más de aquella cifra, no había referencias capaces de contradecir lo que para él era una creencia irrefutable. Y, por esa razón, tampoco lo consideraba posible para sí mismo ni para algún semejante. Sin embargo, en las referencias que me rodeaban a mí, había una vasta evidencia de que podía ganar ese salario y más.

Aquel conocido no se creía capaz de ganar ese monto, y pensaba que yo tampoco podía; mi padre no se creía capaz de estudiar psicología, y pensaba que yo tampoco podía. Sin embargo, no solo obtuve la oferta laboral con el salario que exigí, sino que también cursé estudios relacionados con psicología.

Lo que me diferencia de ellos dos no es la inteligencia, en lo absoluto, todos estamos hechos de lo mismo. Lo que me diferencia son mis creencias formadas con base en las referencias y los estímulos de mi entorno.

Nunca olvides que cuando alguien te dice que no puedes, no está hablando de tus limitaciones, sino de las suyas propias.

<u>Ego</u>: A veces es el ego de las personas lo que destruye nuestros sueños; ese creer saber todo lo que se puede y lo que no se puede lograr, y las opiniones acerca de lo que otros pueden o no, cuando en realidad eso es imposible de determinar. Entonces convencemos a los demás de que hagan cosas dentro del perímetro de lo que consideramos posible, incluso cuando nos ha ido mal actuando dentro de esos límites.

<u>Miedo e inseguridad</u>: Mucha gente apaga los sueños de otros únicamente porque sabe que existe la posibilidad de que puedan alcanzarlos.

Piensan que el crecimiento de quienes les rodean puede significar que ellos dejen de brillar o resaltar, no se sienten bien con sus vidas y pueden llegar a hacer daño a los demás creyendo que esto puede aliviar su situación.

Lo vemos con frecuencia en los ambientes laborales. ¿Cuántos jefes no apoyan el desarrollo de sus subordinados porque piensan que eso, irremediablemente, significaría que ellos deben irse de la empresa o quedar rezagados en un cargo por siempre? ¿O cuántos jefes contratan personas con menos estudios o un currículum que no amenace su cargo?

Recuerdo una excompañera de trabajo que circunstancialmente se había convertido en gerente de un área muy importante para la empresa y, a diferencia de otros departamentos, en el suyo nunca se contrataban personas con perfiles competitivos, solo personas con poca experiencia, incluso pocos estudios.

Inclusive, luego de que ya entraban a la empresa, siempre se buscaba una excusa para que no asistieran a los entrenamientos que la organización subsidiaba. Con el tiempo entendí que era así como hacía frente al miedo que tenía de que alguien ocupara su lugar. Como es de imaginarse, terminó siendo despedida para que, por fin, su departamento pudiese crecer, pues ella significaba un techo constante para el área y la organización.

Si quieres surgir debes ayudar a los tuyos a desarrollarse, contrata gente que sepa más que tú en tópicos que no domines del todo, gente con ganas de ayudar, enseñar y entrenar a otros. Los resultados serán fantásticos, tú invertirás mucha menos energía en proporcionar entrenamientos y más energía en crear y hacer prosperar tu negocio o tu área.

Podrás hacer realidad tus sueños y tener más recursos para colaborar con los de ellos también. No te preocupes si estas personas quieren llegar más lejos que tú, esto no quiere decir que te van a sacar del camino para pasar, **la vida va haciendo espacio para todos.**

<u>Envidia</u>: Esta es otra razón por la cual las personas se interponen para que no consigas tus sueños. La envidia nace de sentir incapacidad para lograr las cosas que el otro sí pudo, puede, o podrá lograr.

Las personas que sienten envidia al ver que otros tienen lo que ellos no, no se dan cuenta de que esos logros que ven en su entorno son una de las maneras que tiene la vida para mostrarles lo que ellos también son capaces de obtener.

Ahora que conoces algunas de las razones por las cuales tu entorno ha podido bloquear tus sueños, vuelve a pensar en ellos y pregúntate: ¿qué desearías obtener si nadie opinara o se interpusiera entre lo que eres y lo que quieres ser?

No dejes que nadie te diga que no puedes

Apaga el "ruido".

―――――――

Nadie sabe más de ti que tú mismo.

Esta afirmación sonará evidente para algunos y, sin duda alguna, difícil de creer para otros. Pues hay quienes piensan que la persona que les crió, les educó, les evaluó o estuvo presente en un momento de máxima vulnerabilidad, sabe más de lo que son como individuos, que ellos mismos de su propia personalidad y capacidades. Que ese tercero tiene acceso a más conocimiento sobre su ser que ellos sobre sí mismos.

Yo me atrevo a asegurarte que eso **no** es así, y que nadie puede saber más de ti que tú mismo; sin embargo, debo decir que esta afirmación puede tener múltiples interpretaciones y también matices, por eso la explicaré mejor con el siguiente ejemplo.

Digamos que sientes una molestia en tu estómago, vas al gastroenterólogo y te diagnostica una gastritis. En ese momento te enteras de que tienes una enfermedad y podrías pensar que el doctor sabe más de tu cuerpo que tú mismo. Pero si miras hacia atrás e identificas el momento donde todo ese malestar comenzó, notarás que siempre que pongas atención a tu cuerpo serás capaz de notar cuando algo nuevo está empezando a suceder en él, aunque no sepas cómo llamarlo.

En este ejemplo particular, el médico solo te está reconfirmando lo que ya sabías, pues por eso fuiste a visitarlo, porque **sabías** que algo estaba pasando. Él solo le está poniendo un nombre a lo que te sucede. A partir de allí podría ayudarte a conseguir una solución para mejorar tu situación, por ejemplo, tomar medicamentos por un tiempo, o de por vida (tal como me lo propusieron a mí en una época en la cual sufrí de esto mismo). Sin embargo, eres tú quien puede elegir si tomar esa medicación por siempre, o sanar cambiando ciertos hábitos como comer más saludable y tener un estilo de vida más calmado. Cualquier "sentencia" que este doctor haya dictado, con base en sus conocimientos y su buena voluntad, es revocable cien por ciento, siempre y cuando tú lo decidas y actúes en consecuencia.

Lo sé porque he estado ahí innumerables veces y siempre me he curado de todo aquello que supuestamente solo se podía curar con operaciones o tratamientos prolongados.

Si bien es cierto que al no haber estudiado medicina, evidentemente, no vas a saber de este tema más que un médico, también es cierto que si pones atención a lo que pasa en tu cuerpo, podrás saber siempre más de ti que el mejor profesional de la salud del mundo y cambiar el destino de tu salud cambiando la calidad de tus pensamientos.

La medicina y la ciencia se basan en estadísticas y promedios, no en excepciones. Tú debes basarte en tu intuición y en tu poder interior, solo tú puedes decidir salir de esa estadística y convertirte en una excepción. No haría una afirmación de esta magnitud si no la hubiese comprobado más de una vez.

Aunque tu lógica te diga lo contrario, ninguna persona, ninguna máquina exploratoria, nada ni nadie, puede entrar en lo más profundo de tu ser mejor que tú, y no estoy hablando exclusivamente de enfermedades, esto aplica para todo.

Nadie puede "sentenciarte" y, aunque todos tengan derecho a opinar con respecto a lo que eres o no eres capaz de hacer, tú tienes el derecho y el poder de poner tu pensamiento, tu palabra y tu determinación por encima de la de ellos las veces que haga falta.

No permitas que haya dudas, ni siquiera ante un hecho científicamente comprobado (como lo fue en mi caso, un diagnóstico de cáncer donde había exámenes médicos y competentes profesionales del área diciendo que tenía una enfermedad incurable), **ni ante la más avasallante lógica o la total evidencia, ¡jamás dudes de ti!**

Otros pueden tener el poder sobre lo que ven, sobre una parte de lo que saben, o sobre lo que suponen de ti, pero nunca sobre lo que está en tu mente ni en tu corazón. Tampoco sobre la manera como te manejas o te reinventas en una situación específica.

Si te dicen que no puedes curarte de algo, que no naciste para algo o que no eres bueno para cosas como las matemáticas, la tecnología, los idiomas, desarrollarte en una profesión o emprender, pon tu pensamiento por encima de todo aquel que se atreva a hablar de ti basándose únicamente en lo que ve desde el exterior, porque solo está viendo la punta del *iceberg*.

Si te dicen que, debido a tu procedencia, nacionalidad, género, edad, profesión, familia o condición social, estás sentenciado a no lograr algo, te tengo una noticia: **ES MENTIRA**.

La historia está llena de héroes, gente famosa, ídolos en los que nadie creyó porque les faltaba "algo" o les sobraba "algo", hasta que demostraron lo contrario. Probaron lo grandes que podrían ser, incluso sin que nadie creyera en sus capacidades.

Las personas que logran cambiar el mundo son los locos que todos criticamos, los mismos quienes, sin darnos cuenta, se terminan convirtiendo en los héroes que todos amamos. Y tú puedes ser "loco", héroe o cualquier cosa que tu alma dicte, el ser humano no tiene límites.

La capacidad de creer, insistir, confiar en ti y colocar tu enfoque en las personas y circunstancias que favorecen el alcance de tus objetivos, vale más que cualquier otro talento con el que hayas sido premiado por la vida. En todas estas capacidades puedes educarte y entrenarte.

Tu poder de pensar es lo único que necesitas para cambiar tu mundo y, si estás leyendo esto, es porque puedes usar tu cerebro para pensar.

Henry Ford dijo la que sería mi cita preferida de vida: **"Tanto si crees que puedes, como si crees que no puedes, estás en lo cierto"**. No importa lo que piensen los demás, sueña para ti no para los demás; cree en ti antes que en los demás; escucha lo que dice tu corazón, no lo que dicen los demás.

Un día leí por ahí que **a un lobo no le debe quitar el sueño la opinión de las ovejas,** y estoy de acuerdo.

Sin embargo, es importante tener en cuenta que la función de la "manada", clan o tribu, es estandarizar comportamientos y controlar a cada integrante del grupo para que este sea un miembro que no represente peligro alguno para su entorno. Y esto lo hace usando los programas anticuados del cerebro que se centran en clasificaciones binarias, tales como: "peligroso" o "no peligroso", "bueno" o "malo".

La manada nos hace creer que la mejor manera de garantizar la perpetuidad de la especie es minimizar los riesgos repitiendo patrones y evitando la innovación. Por eso, el entorno intentará encasillarte en dichos patrones, porque cree que solo así garantiza la supervivencia del conjunto de individuos. Y en cierto modo es verdad, pues la "manada" sabe que si, por ejemplo, se te ocurre pelearte con un depredador puedes morir, así que nadie en su sano juicio te lo recomendaría; por el contrario, tratarían de guiarte para que no lo hagas y también para que no los expongas a ellos.

Pero este comportamiento "protector" no tiene aplicabilidad en todas las circunstancias o situaciones novedosas en las cuales decidas incursionar. Aun así, eso es exactamente lo que hace el cerebro de tu grupo más próximo, intenta protegerte de todo lo nuevo que quieras hacer, incluso cuando no siempre esto implique un riesgo evidente para ti ni para ellos.

Así que partiendo de la premisa de que una de las principales funciones del cerebro es ahorrar energía, es sencillo entender que a las personas de tu entorno no les gusten ciertos cambios bruscos que les obliguen a cuestionarse si lo que estás haciendo les amenaza o no, y de esta forma les hagan perder parte de esa energía. Por este motivo, harán todo lo que esté a su alcance para evitar que te diferencies de la mayoría en todo lo posible, desde un peinado disruptivo hasta un emprendimiento de alto riesgo financiero.

Lo que ese entorno interpreta es que cuanto más parecidos seamos todos, menos patrones de supervivencia comprobados serán quebrantados, menos patrones de supervivencia nuevos tendrán que ser comprobados y menos riesgo para todos deberá ser combatido.

Así como te dirían: "no pelees con depredadores", igual te dirían: "no emprendas, no te divorcies, no intentes ganar más dinero, no te vistas así, no estudies esto o aquello". En este caso la "manada" aplica la regla del depredador para todo. Intentan protegerte de peligros que NO SON REALES y que creen que los podría exponer a ellos también.

Si quieres sobresalir y cumplir tus sueños tienes que hacerte "impermeable" a las críticas de la manada.

Sabemos que ignorar a las personas que nos rodean no es tarea fácil, pues las críticas nos duelen más de lo que deberían. Esto se siente así debido a que, anteriormente, ser excluido del grupo -o manada- era sinónimo de muerte. Sin grupo no podíamos cazar, reproducirnos ni evolucionar, estábamos destinados a desaparecer. Si alguien no hacía lo que el clan esperaba, entonces era expulsado para no poner en riesgo a los demás. En consecuencia, ser criticado produce un aviso de alerta máxima que a nuestro cerebro se le hace muy difícil pasar por alto.

El rechazo no solo está asociado a la posibilidad de morir, hay otro agravante. La psicología tradicional afirma que tanto la crítica, como el sentirse socialmente apartado, es percibido por nuestro cerebro exactamente igual que el dolor físico y que podría equipararse, en ciertas circunstancias, con lo insoportable que resultaría un latigazo, una quemadura o un azote. Visto así, no es difícil entender por qué buscamos la aceptación constante del entorno, aun cuando esto significa hacer algo que no nos gusta. Lo hacemos para evitar el dolor.

Tampoco es difícil entender por qué un adolescente se quita la vida cuando se ve sobrepasado en una situación donde sufre de *bullying*. El dolor que interpreta su cerebro puede volverse tan insoportable que decida acabar con todo, a pesar de que ninguna amenaza real está atentando contra su integridad física.

Si tu "manada" te rechaza porque decides ser distinto o porque quieres cumplir un sueño, y eso te hace sentir tan mal que estás a punto de abandonarlo, considera dos cosas: la primera es que ese dolor que sientes ante el rechazo es consecuencia de un programa desactualizado de tu cerebro, realmente nada está atentando contra ti. La segunda es que si eres rechazado porque eliges ir por un sueño, tal vez no debas seguir perteneciendo a esa manada.

Recuerda el cuento del patito feo, a quien rechazaban por ser un pato diferente, cuando en realidad ni siquiera era un pato, era un cisne. Tal vez no naciste para encajar, naciste para resaltar.

Hoy en día no dependes de una sola manada y un solo territorio, pero tu cerebro aún no se ha enterado. Puedes moverte de sitio, cambiar de grupo y volver a cambiar las veces que quieras. Eres dueño de tu vida, y hay más de siete mil millones de personas en el mundo entre las cuales puedes elegir un nuevo grupo de referencia, **no te quedes en un sitio donde no puedas ser aquella persona que deseas ser.**

> **Ejercicio:** Reflexiona acerca de este tema y escribe uno o varios sueños que hayas decidido no perseguir porque alguien alguna vez no te apoyó o te convenció de que no tomaras acción.

¿Y si aún no sé lo que quiero?

Escucha tu corazón. El cerebro piensa, pero el corazón sabe.

Dentro de este segmento que habla de creer en lo que sueñas, puede que estés pensando que ni siquiera sabes qué soñar. No saber lo que quieres es lo más habitual, no te pasa solo a ti. Crecemos con tantos condicionamientos que llegado un punto nos entregamos a la corriente de la vida y nos convertimos en una oveja más del rebaño en muchos aspectos. No es casualidad que menos del 10% de la población mundial logre sus objetivos, ya que el resto ni siquiera sabe exactamente qué es lo que espera alcanzar.

En mi caso, cuando me sentí con todo aquel poder para rehacer mi vida, luego de haberme curado, tampoco sabía lo que quería, pero cuando las aguas estuvieron calmadas, pude ver lo que había en el fondo del río, y poco a poco lo fui descubriendo debajo de capas y más capas de creencias, imposiciones sociales y familiares, lo que de verdad deseaba para mí en cuanto a salud, relaciones, trabajo, vida familiar y todo en general.

Una de las cosas que me ayudó mucho, y me sigue ayudando, fue buscar esas referencias de las que te hablaba antes. Documéntate buscando modelos de personas a seguir, biografías, imágenes inspiradoras, películas o cualquier tipo de situación que te sirva para obtener claridad e inspiración. Observa las emociones sutiles que te hace sentir cada posibilidad, son avisos del corazón, un órgano dotado de más de 40.000 neuronas pensantes con una sabiduría superior a la del cerebro.

Anota lo que te va gustando y descarta lo que no te gustaría tener en tu vida, deja volar tu mente y **escribe lo que estarías haciendo o viviendo si supieras que no vas a fallar.**

> **Ejercicio:** Luego que busques o pienses en algunas referencias, escribe todos los sueños que vengan a tu mente, la lista de pequeñas y grandes cosas que te gustaría llevar a cabo antes que tu tiempo en este espacio se termine.

No te confíes de lo que parece lógico, el cerebro solo ve lo que conoce

Durante la fase creativa de rescatar tus sueños, es importante poner de lado temporalmente la lógica, debido a que esta no es tan confiable como parece. Varía sustancialmente de acuerdo a la cultura, a los tiempos y a los conocimientos de cada quien.

Te voy a dar un ejemplo de cuán ilógico puede ser aquello que consideramos lógico.

En una oportunidad, hablando con un amigo, me dijo que estaba un poco afectado porque se había muerto el pediatra de sus hijas, el mismo que había sido su pediatra cuando era pequeño. Le pregunté de qué se había muerto y me dijo que un día había sentido un dolor en el pecho, y luego de haber ido a una revisión médica le diagnosticaron cáncer de pulmón; a los dos meses falleció.

Con el tiempo descubrieron que le habían entregado un diagnóstico equivocado correspondiente a otro paciente. Es decir que el pediatra de mi amigo murió estando sano, sin embargo, creer que tenía una enfermedad sin cura hizo que se entregara encerrándose en su casa, dejando de ir a trabajar y deprimiéndose cada vez más, hasta que murió.

Su lógica médica estaba mandando un mensaje claro, le estaba diciendo que aquel cáncer tan avanzado lo mataría en poco tiempo, así que se dejó guiar hacia lo que él suponía que era un final inevitable.

El cerebro solo ve lo que conoce, y él no podía ver la cura pensando que no la había.

La lógica es relativa, pues se alimenta de acuerdo a tus experiencias del pasado. Por ejemplo, si hace quinientos años le hubieses dicho a una persona que para hablar con alguien en otro continente no tendría que trasladarse, hubiese dicho que no era lógico, porque en sus experiencias no había referencias que diesen sustento a un acontecimiento de ese tipo. Hoy en día nadie cuestiona que podamos hacerlo -e incluso vernos- a través del teléfono o cualquier otra herramienta de las que existen para este fin.

Es lo que sabemos aquello que impide que aprendamos

En otra oportunidad, en una conversación con otro amigo, me contaba que se enfermaba mucho de gripe, a pesar de que parecía llevar una vida bastante sana en cuanto a alimentación, ejercicio y descanso. Recién conociéndonos intenté sugerirle algunas técnicas para no enfermarse tanto, relacionadas con la manera en que pensamos y la energía que generamos con nuestras emociones, pero no me dejó siquiera terminar de hablar.

Me dijo que él había estudiado algunos años de medicina y que, aunque luego había abandonado la carrera, le había sido suficiente para saber perfectamente cómo se producía un resfriado. En otras palabras, si alguien sabía de resfriados era él.

Le dije que ese era su mayor problema, ¡que sabía demasiado! Es lo que sabemos lo que evita que aprendamos cosas nuevas. Por fortuna, luego de contarle mi experiencia con las enfermedades dio algo de crédito a mis palabras y hoy en día es una persona que rara vez se enferma.

Duda hasta de lo que está comprobado, si eso te conviene

Otro conocido me decía que tenía algunos problemas estomacales graves, y también problemas con su sistema nervioso, era bastante lógico para él lo que le estaba sucediendo pues sabía que lo había heredado de su padre.

En esa época yo aún no sabía mucho de epigenética, pero sabía cómo me había curado. Por ello lo alenté a cambiar sus pensamientos, a eliminar esa convicción de que había heredado la enfermedad y que por esa razón estaba condenado a padecerla. Yo estaba segura de que si él lograba cambiar su manera de pensar, asumiendo el poder sobre su cuerpo, se curaría. Por fortuna así lo hizo. Al poco tiempo estaba curado y así sigue hasta el día de hoy, muchos años después.

Si bien la ciencia ha demostrado que la herencia existe, y esto no lo discute nadie, también ha demostrado que los pensamientos tienen un gran impacto en nuestra salud y esto tampoco lo discute ya nadie. Así que, **si queremos justificar una enfermedad o condición a través de la herencia, podemos justificarla; pero si queremos justificar la ausencia de la misma gracias a haber desarrollado los hábitos y la mentalidad apropiada para vivir en salud, también podemos justificarla.** Ambas cosas son válidas y ambas tienen respaldo científico.

Allá donde pones tu atención, va tu energía

En otra ocasión, un amigo había sido operado varias veces de unos bultos que le salían en la piel, su doctor le dijo que era una enfermedad autoinmune y que no tenía cura. En este caso, él no quiso resignarse a vivir con esa enfermedad por siempre, así que comenzó a buscar soluciones en internet hasta que encontró a alguien que decía que, si eliminaba ciertos alimentos de su dieta, podría llevar una vida normal. Lo hizo y su salud mejoró bastante, pero siempre tenía que estar examinando la comida que consumía en todos los sitios y, con lo que le gustaba viajar, esto le restaba calidad de vida, ya que no en todos lados había cosas que pudiese comer.

Un día nos encontramos de casualidad y me comentó su caso, le dije que estaba totalmente segura que no tenía que vivir así y que me parecía muy clara su enfermedad, su cuerpo encerraba alguna emoción que no era capaz de expulsar y se estaba manifestando en forma de bultos que intentaban salir. Le pedí que pensara acerca de cuál podría ser aquella emoción, y tras un período de introspección pudo reconocerla y liberarla. Hoy en día come de todo y la enfermedad ha desaparecido de su cuerpo sin tratamientos.

Ninguna de estas personas de las cuales te he hablado necesitó meses, ni siquiera semanas para curarse, la mejoría comenzó luego de nuestra conversación y un cambio de perspectiva.

Confía en lo que aún no ves

Todos los ejemplos que acabo de describir están relacionados con la salud y además tienen otra cosa en común: todas esas personas **querían curarse.**

Ellos querían creer que había algo más allá de lo que sabían, y estaban dispuestos a sustituir sus creencias y convicciones a cambio de recuperar su salud. Y resalto esto porque también existen las personas que NO quieren curarse, debido a que están obteniendo alguna cosa a cambio de continuar enfermos, como podría ser cariño, atención o algún tipo de relevancia en un contexto determinado, pero eso no es tema de este libro.

El tema aquí es que todo es posible, y por muy lógico que te parezca que tus sueños no lo son, dale una oportunidad, tienes solo esta vida para materializarlos. Aunque algo no se vea realizable a simple vista, recuerda que no todo es lo que parece.

Aunque, al igual que me pasó a mí, no veas una salida racional que te suene creíble cuando te sientas atrapado o atrapada en un problema, **confía y acepta que tú no conoces todas las salidas o soluciones posibles, pero eso no quiere decir que no existan, solo que no las conoces aún.**

En mi caso, cuando fui diagnosticada no sabía qué sería lo que me salvaría la vida, pero **sabía que algo tenía que pasar en el camino**. Mi fe y mi esperanza permanecían en pie mientras buscaba soluciones. Fue esa esperanza la que me permitió ganar dos años de "tiempo muerto", hasta que encontré la solución para luego curarme en tres meses. No tenía respuestas, pero confiaba en que aparecerían.

Resumiendo, el primer paso para cambiar tu vida es desbloquear tu capacidad de soñar y fijarte objetivos que realmente te apasionen. **No te limites clasificando las cosas en posibles e imposibles, porque esa clasificación se actualiza cada segundo y mucho más rápido que tus conocimientos.**

Hay menos cosas lógicas de las que te has dado cuenta

Dedica unos segundos de tu tiempo a pensar lo poco lógico que pudo haber sonado, en el pasado, hablar de ciertas cosas que hoy vemos como algo común. Empezando por todos los aparatos y desarrollos tecnológicos que rigen el mundo moderno, desde los aviones hasta el internet. Y siguiendo por todas aquellas personas que se suponía que no podían hacer algo, pero lo hicieron como, por ejemplo, una surfista que pierde un brazo sin que esto le impida ser campeona en su disciplina (Bethan Hamilton), un hombre que hace su primer desfile en la New York Fashion Week luego de haber perdido sus dos piernas en un accidente de tránsito (el venezolano Juan Pablo Dos Santos) o mujeres sin piernas que han sido atletas profesionales y modelos de zapatos o ropa interior (Aimee Mullins / Kanya Sesser).

¿Se te ocurre algo más imposible, maravilloso, increíble e ilógico que eso? Que un avión pueda desafiar la gravedad, con todo lo que pesa; o que una persona sin pies pueda convertirse en modelo de calzado. Pues la vida está llena de miles de casos como estos, puedes investigarlos para inspirarte.

Todos sabían que no se podía, menos su compañera de juego

Entre todas estas historias inspiradoras que destronan a la lógica, hay una que me resulta especialmente inolvidable, porque tuve la fortuna de conocer al protagonista mientras la contaba.

Él es un hombre con un impedimento físico debido al limitado desarrollo de su musculatura consecuencia de un accidente en el momento de su nacimiento. Los médicos les dijeron a sus padres que no sobreviviría más de unas horas, luego más de unos días y luego más de unos años, pero sobrevivió a todo.

Cuando era pequeño le anunciaron a su familia que nunca podría caminar y que no debían obligarlo pues, debido a su condición, podrían ocasionarle más daños de los que ya tenía. También le dijeron que no podría hablar ni hacer nada para lo cual necesitara músculos.

Sin embargo, todo esto se lo dijeron a los padres del chico, no a la primita pequeña que le acompañó en los días de juego durante sus primeros años de vida. Ella, a diferencia de todos los adultos de su entorno, no sabía que él no podría caminar nunca, así que jugando lo motivaba a levantarse cada día un poco más, a dar un paso y otro paso, hasta que por fin un día aquel pequeño caminó.

Este hombre hoy en día se gana la vida como uno de los mejores oradores motivacionales que he conocido, y aunque sus músculos están afectados desde que nació, su cerebro y su inteligencia no lo están en lo absoluto, pudo haberse dedicado a hacer cualquier cosa que hubiese elegido. Hoy **se gana la vida justamente haciendo aquello que se suponía que nunca iba a poder hacer: hablando.**

También camina y hasta ha corrido maratones, puede que lo haga de una forma distinta a los demás, pero lo hace. A estas alturas, es posible que sepas que hablo del famoso conferencista Maickel Melamed.

A veces, no saber que no se puede es la única salvación para combatir la sentencia que pretende dictarnos la lógica.

La autovaloración

La valoración que tengas acerca de ti mismo forma parte de todo aquello que te puede parecer lógico o ilógico, posible o imposible.

Con frecuencia, escucho frases como las que vas a leer a continuación, para justificar de manera "lógica" la razón por la cual las personas no consiguen lo que quieren, o no se encuentran viviendo la vida que desearían vivir:

"Lo haría si tuviese más dinero", "si fuese más guapo", "si tuviese más suerte", "si viniese de otra familia", "si tuviese más apoyo", "si no hubiese tenido que comenzar de cero", "si tuviese pareja", "si fuese soltero", "si no me hubiese divorciado", "si tuviese una pareja distinta", "si viviese en otro país", "si hablase otro idioma", "si los tiempos fuesen otros", "si tuviésemos otro gobierno", "si tuviese unos hijos que me motivaran a seguir", "si no tuviese unos hijos que mantener", y así una larga lista de cosas más que debes haber escuchado también.

La lógica que hay detrás de creer que podemos o no podemos lograr ciertas cosas, varía del cielo a la tierra de acuerdo a la autovaloración que cada persona tenga de sí misma. Si tu autovaloración es alta, tu lógica será muy diferente a si es baja; cuanto más alta, mayor probabilidad de encontrar soluciones y alcanzar tus objetivos tendrás.

Por ejemplo, para una persona puede ser muy lógico mantenerse atada a un matrimonio en el cual ya no quiere continuar, con la excusa de que lo hace por sus hijos, para que estos no sientan que su hogar se destruye y así evitar los daños psicológicos que esto les podría ocasionar. Sin embargo, otra persona que tiene hijos en común con alguien con quien ya no quiere estar podría usar exactamente las mismas razones para acelerar un proceso de separación, pues no quiere que sus hijos vean cómo su hogar se destruye con discusiones diarias que podrían acarrearle daños profundos en la formación de su personalidad.

Otro ejemplo, una persona podría decir que no se encuentra en el mejor momento de emprender porque tiene muchas facturas que pagar y unos hijos que mantener, por lo que piensa que sería mejor quedarse con un trabajo de empleado en el que se sienta seguro. Sin embargo, otra persona podría dar exactamente las mismas razones para emprender, ya que necesita pagar sus facturas y garantizar un futuro seguro a sus hijos y prefiere no depender de ningún empleo donde lo puedan despedir o de una empresa que pueda cerrar.

En estos casos, tomar una elección o la otra está directamente relacionado con la manera como nos vemos a nosotros mismos.

Más ejemplos. Si la valoración hacia ti es baja en ciertos aspectos porque, por ejemplo, crees que tu aspecto físico no va en línea con los estándares de belleza dictados por la sociedad, entonces tu lógica te dirá que no puedes lograr ciertas cosas sin cubrir antes esos estándares. Sin embargo, cuántas personas famosas no están ni cerca de cubrirlos, y aun así los admiramos y valoramos porque lograron cumplir sus sueños e impactar positivamente en la sociedad. Para nadie es secreto que, **entre actitud y belleza, la actitud siempre gana.**

He visto chicas con cuerpos hermosos, que dicen tener sobrepeso y eso las hace ocultarse del mundo y limitarse en la consecución de sus objetivos y otras con esas mismas características hacen "arder" las redes sociales con sus curvas y sensualidad, haciéndose llamar chicas *curvy* y creando movimientos extraordinarios que, además, ayudan a fortalecer la autoestima de otras mujeres.

Chicos que quisieran vestirse como mujeres y no lo hacen, y en lugar de eso se ocultan tras una personalidad que no es real y que los minimiza; mientras otros hacen vibrar las pasarelas con sus tacones, barba y maquillajes alucinantes, ganando concursos de belleza y docenas de seguidores diarios que los admiran y respetan por tener el valor de ser quienes quieren ser.

También escucho, constantemente, personas que piensan que por no tener estudios no pueden aspirar a un trabajo digno, emprender o dedicarse a ciertas cosas que parecieran estar reservadas para quienes han ido a la universidad. En esos casos, me encanta recordar que Steve Jobs, el creador de una de las marcas más importante del mundo, no fue a la universidad. Así mismo, Amancio Ortega, uno de los hombres más ricos del planeta tampoco cursó estudios superiores, y la lista es interminable -especialmente dentro del mundo de la tecnología-.

Muchos de los que han proporcionado al mercado algunos de los inventos más impresionantes son personas sin títulos universitarios, por ejemplo: Michael Dell, Mark Zuckerberg, Bill Gates, Richard Branson, etc. Pienso que es justamente el no haber recibido una educación convencional lo que evitó que estas personas se encasillaran en lo ya conocido, pudiendo así tener un punto de vista totalmente distinto al de otros profesionales y lograr las cosas que han logrado.

Con esto no estoy sugiriendo que no nos preparemos en aquellos temas que nos apasionan, todo lo contrario, estos personajes que he mencionado obtuvieron un conocimiento muy por encima de la media en sus campos de estudio porque se sentían motivados hacia sus proyectos. Lo que quiero decir es que **la falta de educación académica convencional no es un impedimento para**

empezar a convertirte en la persona que siempre has soñado ser.

Tú, al igual que todos los ejemplos que mencioné, cuentas con características únicas que te hacen especial, ¡usa tus talentos! Recuerda que ser una persona capaz de usar tu mente es lo único que realmente importa y es lo que necesitas para encaminarte hacia tus objetivos. Incluso si tu cuerpo no te correspondiese como consecuencia de alguna incapacidad física, puedes demostrar tu grandeza a través de tu creatividad y es que **las verdaderas y únicas incapacidades son: las mentales.**

Eso que hoy te hace diferente y que tal vez te gustaría cambiar de ti, puede que mañana te haga grande, puede que sea justamente tu superpoder.

Cuando la lógica se convierta en un impedimento para la consecución de tus objetivos, o para creer en cosas verdaderamente grandes y capaces de hacerte vibrar**, no cambies tus objetivos, cambia tu lógica y busca inspiración en otras personas que hayan tenido impedimentos parecidos o incluso peores que los que tú crees tener** e infórmate cómo lo hicieron ellos.

Si crees que no eres lo suficientemente joven, viejo, guapo, rico, estudiado, inteligente, etc., busca referencias de otros que, aparentemente, tampoco lo eran, y fíjate en las cosas que hicieron y sobre todo en la actitud de tomaron consigo mismos para lograr sus sueños.

Por ejemplo, Walt Disney fue despedido de un trabajo por no ser lo suficientemente creativo, hoy en día su nombre es el mayor referente de creatividad a nivel mundial.

Albert Einstein no era considerado lo suficientemente inteligente comparado con otros niños de su edad. Con todo lo que sabemos de él ahora no hace falta decir que esto no era más que una percepción errónea de sus educadores.

Jack Ma, el fundador de Alibaba, cuenta con sus propias palabras todos los rechazos que tuvo en la vida por no ser considerado lo suficientemente inteligente ni agraciado. Parece que esto no le impidió convertirse en el hombre más rico de China.

Pero no todos los ejemplos tienen que ser así de famosos, solo menciono estos porque estoy casi segura de que los conoces. En mi caso, la persona que me inspiró para curarme no era famosa, simplemente fue una persona que se había curado antes, que había logrado antes aquello que yo también quería lograr, y eso me bastó.

A veces, las referencias que necesitamos para avanzar pueden estar en el entorno y ser tan potentes, inspiradoras y válidas como las de cualquier famoso, incluso mucho más creíbles. Conocerlas puede ayudarte a mejorar tu autovaloración, especialmente cuando te das cuenta que quienes lograron lo que tú quieres, también tienen tu edad, mismo tipo de educación, mismo género o tal vez provienen de tu mismo barrio.

> **Ejercicio**: Tómate un par de minutos para examinar tu autovaloración, escribiendo cuáles son las ideas que tienes de ti mismo que te impiden hacer realidad tus sueños, y luego reescríbelas en presente y positivo, repitiéndolas varias veces al día. Por ejemplo, si tu idea es: "No tengo suficientes estudios para emprender". Reemplázala por "Sé todo lo que necesito saber para emprender, el resto lo iré aprendiendo en el camino"

¡Eres el relevo!

Eres corresponsable de la evolución de personas que ni siquiera conoces.

Soñar sin miedo con respecto a la vida que deseas puede significar un reto importante para tu cerebro, pues él ya está acomodado y "encariñado" con ciertas creencias restrictivas que ha tenido durante años, y que seguirán allí a menos que las sustituyas. Él siempre pensará que dejarlas ir es un error que arriesga tu integridad y de ti depende convencerlo de lo contrario.

Esto se asemeja a cuando vives en una casa que no te gusta y un día decides que te mudarás a la casa de tus sueños, equipada con todo lo que siempre has deseado. Solo el hecho de pensar en que te vas a ese nuevo lugar te produce una emoción indescriptible y comienzas a trabajar para que tu deseo se haga realidad rápidamente. Aun así, puede que llegado el día en que te toque abandonar tu vieja casa sientas nostalgia y quieras llevarte una o dos cosas a la nueva.

Luego de mirar un poco mejor lo que estás dejando atrás, piensas que no está todo en tan malas condiciones y decides que te llevas cinco cosas en vez de dos; y luego de mirar una vez más piensas que mejor te las llevas todas, total, te han servido hasta ahora. **¡Pero no!, no te han servido, por eso soñabas con una casa nueva.** La vieja casa fue buena para sobrevivir, pero no para vivir como siempre has querido. Aunque no todo con respecto a ella deba ser desechado, algunas cosas deben quedar atrás para siempre.

Lo mismo pasa con algunas de tus creencias. Te han ayudado a sobrevivir y, al igual que la casa, te han protegido en muchos aspectos, pero no te han llevado a vivir como realmente quieres. Tienes que creer y confiar en que la vida puede seguir y mejorar sin esas cosas viejas, sin esas creencias antiguas.

Cada vez que decides abandonar algunas de tus viejas convicciones para adoptar otras que te permiten avanzar, trascender, evolucionar y subir a un siguiente nivel, no solo te salvas a ti ¡también salvas a la humanidad! **Cuando alguien rompe con lo establecido y da un paso al frente, haciendo lo que tiene que hacer, abre camino a los que vienen detrás para demostrarle que lo que sueñan es posible.** Eso te convierte en un ente de cambio y en una parte importante de la evolución de la especie a la cual perteneces.

Cada vez que alguien tiene la fortaleza para dejar un trabajo que no le gusta y emprender, dejar una relación dañina y rehacer su vida, gritar al mundo su homosexualidad y mostrarse como es o lograr cualquiera que sea su sueño, está cambiando más vidas aparte de la suya propia. Está sirviendo de Inspiración y diciendo a los que vienen detrás que lo que ellos sueñan también es posible. Por lo tanto, **detener tu propia evolución no es algo con lo que te faltas solo a ti mismo, le estás faltando a tus hijos, a tu familia y a la humanidad.**

Esto no significa que seas el responsable de que la humanidad evolucione, o no, solo quiero decir que tienes el poder para ayudar activamente en su evolución.

Has sido elegido para marcar el cambio, ¿y cómo sé que fuiste elegido? Pues muy fácil, estás leyendo esto y estás buscando respuestas. Nadie que no quiera ser mejor estaría leyendo un libro como este, y ser mejor significa cambiar, cambiar constantemente.

Otras personas antes que tú ya dieron un paso al frente en su momento, y te abrieron camino a ti con las respuestas que encontraron. Ahora **tú eres el relevo.** Es tu turno de estar ahí para quienes quieren cambiar su vida y también para los que ni siquiera están pensando en cambiarla y aún viven en "piloto automático", ellos van a necesitar encontrar referencias cuando les llegue el momento de su despertar.

No renuncies a la oportunidad que te da la vida de hacer de ti, y de otros, mejores seres humanos. El mundo necesita más gente como tú, necesita más **despertares.** Aún hay demasiada gente que no se siente capaz de cumplir sus sueños, muriendo de tristeza, de dolor o de hambre, creyendo que no pueden salir adelante por sí mismos, pensando que no hay opciones. En la medida que tú avanzas le abres camino a ellos.

Y no me refiero a que tienes que ser el presidente de un país, me refiero al impacto que puedes ocasionar en tu entorno cuando inspiras con tus logros.

El día que tuve la valentía de contar mi historia por primera vez, unos 6 años después de haberme curado, empecé a cambiar vidas sin esperarlo. Primero las de mi entorno, luego las de un poco más allá y hoy en día me escribe gente que ni siquiera conozco, desde ciudades que no sabía que existían, para darme las gracias porque al ver mi historia supieron que podían cambiar la suya.

Cuando fui por las cosas que soñaba para mí no imaginaba cambiar la vida de nadie con eso, en principio solo la mía, pero así funciona, **cuando alguien abre un camino para caminar luego otros pueden pasar detrás.** Y si yo abrí mi camino es porque alguien delante de mí lo hizo primero: aquella mujer que se curó cuando supuestamente no se podía, mi papá cuando emigró y emprendió aunque no tenía estudios, aquella directiva cuando logró que la ascendieran aunque era mujer, esa otra mujer que se divorció aunque tenía hijos y la que escribió un libro aunque no era escritora. **"Si he logrado ver más lejos, ha sido porque he subido a hombros de gigantes"** (Isaac Newton).

Todos somos el relevo de alguien que pasó antes, o quizás somos pioneros. En cualquiera de los dos casos, lo importante será entregar el testigo al que venga detrás.

Cuida tu parcela de felicidad

Como en el avión, la mascarilla de oxígeno, primero para ti.

"No te preocupes por lo que el mundo necesita, pregúntate qué es lo que te hace vibrar. Entonces ve y hazlo, porque el mundo necesita gente que despierte y viva" (Harol Whitman).

A veces dejamos de tomar el "relevo" que nos corresponde sin ni siquiera darnos cuenta que lo estamos haciendo. Frenamos nuestro propio proceso evolutivo de muchas maneras. Una de ellas es cuando tomamos nuestras decisiones de vida con base en las necesidades de otros, o en lo que hace feliz a otros, dejando de lado nuestras propias necesidades y nuestra felicidad.

Dejamos de tomar estas decisiones pensando que podemos herir a alguien que amamos, sin darnos cuenta que, por intentar protegerlo, le hacemos más daño aún. Y ¿cómo es esto posible? Te voy a poner tres ejemplos: uno de relaciones, uno de trabajo y uno de vocación:

Relaciones. Tal como te conté, estuve casada durante mucho tiempo con un hombre maravilloso a quien mi entorno familiar y mis amigos adoraban, al igual que yo. Aun así, pasada mi enfermedad, y cuando las aguas estuvieron calmadas, pude entender mejor quién era realmente yo y lo que quería para mi vida, entonces decidí divorciarme por varias razones que no agregaría valor describir ahora.

La primera vez en la vida que la idea de divorcio vino a mi mente me pareció algo casi inconcebible. En primer lugar, me habían enseñado que un divorcio no era aceptable en nuestra familia; en segundo, no quería hacer daño al que era mi esposo rompiendo con una relación en la cual, aparentemente, se sentía bien. Tercero, no quería desilusionar a mi padre, quien supongo que sentía que había logrado "encaminarme" por donde él pensaba que tenía que ir.

Aun así, pasado el tiempo hice un intento de hablar con ambos (mi esposo y mi papá), con el fin de asomar, de forma sutil, mi intención de divorciarme. No les estaba pidiendo permiso exactamente, pero si quería entender el impacto de esta posibilidad en su bienestar. Supongo que si los veía demasiado afectados ya no pensaría más en eso.

En efecto, ambos mostraron una negativa contundente desde el principio. A mi papá no se le ocurrió más nada que decirme que había que aguantar, que así era el matrimonio y punto. En cuanto a mi esposo, él solo pensaba que yo estaba confundida, que sería algo pasajero y me sugirió la búsqueda de una solución, dejando claro que cualquier cosa antes de un divorcio.

Me calmé con esta idea por un tiempo al ver que les hacía daño a dos personas tan importantes para mí, sin embargo, todo se ponía cada vez más confuso y ahora sabía identificar mejor la falta de coherencia en mi vida. Comenzaba a no tolerar ciertas emociones negativas que me producía el seguir casada, y ya había aprendido que estas podían enfermarme hasta matarme. Aguantar casi nunca es una buena opción.

Nunca hablaba de esto con nadie, pero un día, cuando ya no toleraba más la situación, se lo conté a un conocido lejano, pues sabía que **verbalizar es una herramienta muy poderosa, ayuda a sacar de tu interior los problemas para ponerlos**

fuera, y luego poder observarlos con mayor objetividad.

Entonces tuvimos una conversación.

—¿Quieres a tu esposo? – me preguntó intrigado.

—Por supuesto, es de las personas que más quiero en el mundo, pero no como esposo- le contesté tratando de ordenar mis pensamientos.

—¿Quieres a tu papá? - volvió a preguntar.

—¡Claro que lo quiero! —respondí— como a nadie en el mundo.

—Entonces déjales tener la vida que tú quisieras para ellos, la vida que se merecen, deja a tu esposo que se vaya y pueda rehacer su vida antes que sienta que es demasiado tarde para él. Deja que tu padre vea a su hija feliz y permítele la posibilidad de ser abuelo algún día - me dijo con una sabiduría asombrosa.

Después de esa conversación tan reveladora para mí, ni siquiera volví a pensar en preguntar opiniones para no herir sentimientos, porque más sentimientos iba a lastimar si no tenía la valentía de hacer lo que tenía que hacer. Así que un día invité a mi padre y a mi madre a comer y les comuniqué con determinación que había tomado la decisión de divorciarme, dejando claro que no les estaba pidiendo permiso, solo les estaba informando que haría lo que sentía correcto, entonces me di cuenta que **"el mundo entero se aparta cuando ve pasar a un hombre que sabe a dónde va"** (Antoine de Saint Exupery).

Para mi sorpresa, y muy diferente del sermón que me esperaba, la reacción de mi padre fue felicitarme por tener la valentía de hacer lo que considerara mejor para mi bienestar. En cuanto a mi esposo, no solo lo terminó aceptando, sino que tiempo después rehízo su vida emigrando al país donde siempre había querido vivir, teniendo pareja de nuevo y convirtiéndose en papá de una niña preciosa que no solo hace mejor su vida, sino la de sus abuelos y tíos también.

Por mi parte, pude hacer todas las cosas que quería y ofrecer a mis seres queridos una versión mejorada de mí, mucho más en línea con la persona que realmente quería ser, feliz y fluyendo con la vida de una manera que no hubiese sido posible de haber permanecido atrapada en aquella relación donde ya no quería estar.

Si lo analizamos un poco, seguramente estemos de acuerdo en que mi decisión impactó positivamente en la vida y felicidad de un gran grupo de personas sumando a todos los del núcleo familiar, a los amigos cercanos y a las nuevas parejas que en mi exesposo y en mí pudieron encontrar el amor de nuevo, sin contar con los hijos que tuvo cada quien por su lado y que tal vez de otra manera nunca hubiesen existido.

Las decisiones que nos producen bienestar no solo hacen mejor nuestra vida, sino que también producen un impacto positivo en todo aquel que nos rodea, aunque al principio no parezca así. **La gente que te quiere es más feliz cuando te ve feliz a ti también, no les prives de eso.**

El segundo ejemplo tiene que ver con el ámbito laboral. Supongamos que estás en un trabajo que no te gusta y quieres renunciar, pero no lo haces porque tu jefe te necesita, le tienes aprecio y definitivamente no le quieres dejar solo. O supongamos que tú eres el jefe y tienes un empleado que no va en línea con tus necesidades, pero no lo echas porque sabes que necesita el trabajo.

En este caso, tanto el empleado que no se va, como el jefe que no hace el despido, están ocasionando más daño del que pueden imaginar, y se lo están ocasionando justamente a aquel a quien no quieren herir.

Si eres el empleado, le estás quitando a tu jefe la oportunidad de contratar a una persona que sí se sentirá feliz con ese trabajo con el cual tú no te sientes a gusto. Además, le estás quitando a esa nueva persona la oportunidad de estar en un empleo donde pueda explotar sus talentos y, entre otras cosas, le estás quitando a la empresa la oportunidad de crecer en armonía a cambio de tener allí un empleado frustrado. Para terminar, te estás arrebatando a ti la posibilidad de avanzar y reforzar el poder de elección que tienes sobre tu vida a cambio de socavar tu autoestima.

Si eres el jefe, lo mismo. Le estás robando a tu empleado la posibilidad de usar sus talentos en un sitio donde encaje mejor, a tu empresa le quitas la oportunidad de crecer (lo cual impacta en la vida de todos los que la integran), y a ti te estás quitando la posibilidad de avanzar y sentirte mejor en tu día a día. Y así es como una decisión que parece tomada desde el amor, en realidad está siendo tomada desde el miedo, convirtiéndose en una especie de secuencia de fichas de dominó que se van empujando unas a otras hasta producir el caos.

El tercer ejemplo tiene que ver con la vocación. Digamos que creciste en una familia donde todos han sido médicos y eso es lo que esperan de ti, así que desde pequeño creces escuchando que tienes que estudiar medicina cuando en realidad lo que quieres ser es arquitecto (por poner cualquier ejemplo).

Al principio tus padres se sentirán muy felices y orgullosos de ti si eliges estudiar medicina, pero con el tiempo será muy difícil que seas un buen médico si esa no es tu vocación. Ese vacío te afectará en tu profesión, lastimará tu amor propio y terminará impactando en las otras áreas de tu vida hasta que, posiblemente, un día colapses, tus padres lo noten y entonces se pregunten, "¿Qué pasó? ¿Qué hicimos mal? ¿Por qué no es feliz?".

En consecuencia, es posible que ellos tampoco se sientan exitosos como padres, pues no hay nada peor para un padre que ver a sus hijos tristes, incluso cuando se supone que ellos han sido los causantes de esa tristeza. Y a ti te tocará convivir con la idea de ser un médico mediocre y frustrado, cuando en realidad puedes ser un arquitecto brillante.

En mi caso, aunque estudié lo que mi padre sugirió, no ejercí la profesión en la industria ni el área que él esperaba, tuve la valentía de contradecirlo al menos en la aplicabilidad de mi carrera y hoy sé que es una de las mejores decisiones que pude haber tomado en mi vida. Mi trayectoria profesional fue la única cosa que me mantuvo "viva" en una existencia subyugada a una cadena de decisiones equivocadas pensadas en el "deber" y no en el "querer", pensadas en cómo ser condescendiente con otros, y no en cómo hacerme feliz a mí misma.

La felicidad es como la parcela de un jardín que todos tenemos, en la que cada quien tiene que ocuparse de cuidar su parte.

Debemos dejar de mirar permanentemente lo que pasa en el jardín de los demás para ver cómo congeniamos con ellos antes que con nosotros mismos, ese es el camino más corto a la infelicidad. Es imposible estar bien intentando complacer a todos (o a una persona específica como era mi caso). Así que lo primero es mirar que nuestro jardín esté en orden, y ya desde allí ver cómo ayudamos al vecino.

Esto aplica para cualquiera que sea tu "vecino", incluidos, por ejemplo, tus hijos. Ellos necesitan tener mamás y papás felices para copiar ese patrón y sentirse que están creciendo en un mundo lleno de amor, seguridad y abundancia. Si por complacer a tus hijos descuidas tu felicidad, difícilmente llegarán a conocer tu mejor versión, y ese es uno de los peores daños que puedes hacerles, porque no serás feliz y ellos pensarán que así es la vida: ausencia de felicidad y mucho sacrificio.

Al igual que cuando vas en el avión y hay una descompresión, la mascarilla de oxígeno te la debes poner primero tú para luego poder ayudar a los demás, así mismo funciona la vida: debes velar primero por ti para luego poder ayudar a quienes te rodean.

Si te ocupas en tomar las decisiones correctas para tu vida, pronto verás que terminarán siendo las correctas para la vida de los demás también. Esa es la manera de cuidar tu parcela de felicidad y de mantener el orden eterno de todas las cosas.

Paso 2: REPLANTEAR

-Date el permiso de elegir lo que quieres para tu vida-

"Somos lo que hacemos y, sobre todo, lo que hacemos para cambiar lo que somos". -Eduardo Galeano-

Asegúrate de que tus sueños sean realmente tuyos

No malgastes tus pasos en los caminos de otros

Concluida la fase de CREER, y para poder adentrarnos en la de REPLANTEAR, te voy a pedir que tengas a mano la lista de los objetivos de vida que hiciste en capítulos anteriores. La vamos a pulir y a mejorar en este capítulo, empezando por asegurarnos que cada una de las cosas que colocaste allí sea un deseo genuino de tu corazón, y no sea una meta a lograr para cubrir expectativas del entorno.

Para explicar mejor la razón por la cual los objetivos deben ser únicamente tuyos, utilizaré una analogía relacionada con el área de marketing y lanzamiento de nuevos productos, uno de los temas que más conozco.

Cuando se desarrolla algo nuevo para un mercado, el primer paso que se debe ejecutar es un estudio que nos permita entender las necesidades y gustos del consumidor, con base en eso se le ofrece lo que quiere. Lo investigamos, lo desarrollamos y se lo damos, fin del proceso.

Un buen profesional del área de marketing no intenta convencer a nadie de que compre algo que no necesita o que no le gusta, es una tontería y una pérdida de recursos. Y aunque, a veces, vendedores muy habilidosos logran convencer a los consumidores de comprar algo que no quieren, esa mala práctica no es sostenible en el tiempo. Así que, más temprano que tarde, un producto que nadie necesita o que a nadie gusta, terminará saliendo del mercado sin importar cuánto esfuerzo se haya puesto en su lanzamiento, esto es debido a que las bases sobre las cuales se hizo dicho lanzamiento fueron débiles.

Los productos y servicios que de verdad se mantienen con éxito en el tiempo son los que la gente necesita o los que a la gente le gustan, aunque no los necesite.

Lo mismo pasa en nuestras vidas con los objetivos, a veces nos colocamos objetivos que no nos cubren ninguna necesidad real, o no nos gustan lo suficiente. Simplemente porque otros dijeron que era un buen objetivo, nos aventuramos a hacer un "lanzamiento" con todos los costos y riesgos que implica, sin detenernos a pensar primero en lo que de verdad queríamos.

"Vendedores habilidosos", que en este caso fueron nuestros padres o conocidos sin malas intenciones, intentaron convencernos de fijar metas que no necesitábamos ni nos gustaban. Cosas como: deberías ser abogado, deberías casarte antes de los 30, deberías tener al menos 2 hijos, deberían gustarte las mujeres o viceversa, deberías tener un trabajo seguro, deberías estar casado por siempre, etc.

Así que, aunque muchos de esos objetivos no los elegimos nosotros, llevamos tanto tiempo trabajando por ellos sin cuestionarlos, que ahora parece que ya son nuestros y sonaría como una locura reconocer que no los queremos ni los hemos querido nunca, teniendo en cuenta todos los recursos que hemos invertido para obtenerlos.

Sin embargo, al igual que el lanzamiento de un producto fracasa cuando se le da al consumidor lo que no quiere, y se lanza al mercado por antojo del jefe, igualmente, tus objetivos podrían fracasar si no fuiste fiel a tus gustos o necesidades y te lanzas a la vida con base en los deseos de tu entorno, sin tener en cuenta tus verdaderos sueños.

Por eso, es muy importante diferenciar lo que quieres de lo que quieren los demás para ti. Para las empresas, los productos son los que las hacen permanecer vivas y prosperar, para ti tus objetivos son lo mismo; por eso tienen que corresponder con la persona que eres en esencia y no con las capas de creencias que fueron cubriendo esa esencia.

En mi caso, no fue hasta que pensé que moriría cuando me di cuenta que aquellos objetivos por los cuales trabajaba sin descanso no eran míos, y no fue hasta que vi de nuevo una oportunidad de vivir, que me preocupé por entender cuáles eran los objetivos que, verdaderamente, me hacían vibrar alto.

Entendido esto, hablemos ahora de "QUÉ" quieres, para luego hablar de "CÓMO" lo vas a lograr ya que, como dice el refrán, no hay viento favorable para quien no sabe a dónde va. Así que dentro del saber soñar debemos aprender a identificar aquello que de verdad queremos, pues es la base para armar el plan y saber elegir los caminos correctos.

Earl Nightingale dijo que **"las personas con metas triunfan porque saben a dónde se dirigen"**. Cuando sabes lo que quieres te enfocas, no pierdes el tiempo, los recursos aparecen, las oportunidades surgen, todo sucede más rápido, la gente deja de cuestionarte y empieza a ayudarte.

Diagnostica tu situación actual

Que comience la magia.

———

Antes de decidir a dónde quieres llegar, es importante determinar en dónde estás. Ningún mapa es de utilidad si no sabemos desde dónde estamos partiendo.

Comencemos así por realizar un diagnóstico de tu situación actual.

> **Ejercicio:** Piensa en las grandes áreas de tu vida y nómbralas como desees, procurando no excederte de unas seis u ocho. Una vez las hayas elegido, toma lápiz y papel, luego realiza un gráfico de barras como se muestra a continuación, colocando en el eje vertical la escala de evaluación y en el eje horizontal esas áreas de tu vida que vas a evaluar. Puntúa tu nivel de satisfacción actual con respecto a cada una de ellas y evalúalas en una escala del 1 al 5, donde 1 es nada satisfecho, 2 poco satisfecho, 3 regularmente satisfecho, 4 satisfecho y 5 muy satisfecho.

De esta manera podrás identificar cuáles son los tópicos que necesitan más atención, aunque debes tener presente que el área que salga peor evaluada no necesariamente es la que necesita más enfoque, energía o inmediatez. Puede haber otra área que, a pesar de no verse tan afectada, logrará impactar de manera mucho más fuerte y positiva en todas las demás si te ocupas de ella primero, y esa es la que debes identificar.

Por ejemplo, en el gráfico que viene a continuación, el área del dinero está peor evaluada que el área de la salud, sin embargo, esto no quiere decir que el enfoque deba estar en ganar más dinero, es probable que antes debas trabajar en mejorar tu salud para que todo lo demás mejore también.

Este es solo un ejemplo, haz tu propio gráfico en un papel aparte.

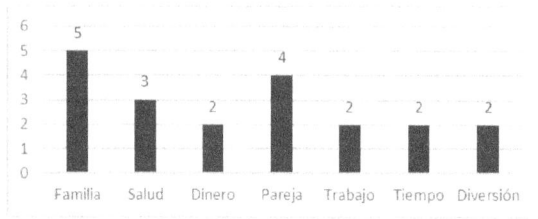

1. Nada satisfecho
2. Poco satisfecho
3. Medianamente satisfecho
4. Satisfecho
5. Muy satisfecho

Define tus objetivos

"Establecer metas es el primer paso para volver visible lo invisible"
-Tony Robbins-

> **Ejercicio:** Ahora que gracias al diagnóstico sabes en dónde estás situado y también qué áreas de tu vida se encuentran fuertes y cuáles no tanto, haz una lista rápida de las cosas que deseas lograr en cada una de ellas, poniendo especial atención en las que están por debajo de 4 puntos.

Sé que colocar esos objetivos concretos que te estoy pidiendo puede dar algo de miedo, pero es necesario y transformador. En caso de que sientas mucha resistencia al colocarlos, te dejaré por aquí tres trucos que te van a ayudar a hacerlo con la menor presión posible:

- **El truco de la varita mágica:** Imagina que tienes una varita mágica que te permitiría tener todo lo que quisieras de la vida sin ningún esfuerzo. Escribe todo eso que venga a tu mente, sin pensar en cómo lo vas a conseguir, pues ya hemos dicho que tienes la varita.
- **El juego de "la película de mi vida":** Otro ejercicio que puedes hacer para disminuir la presión a la hora de escribir tus objetivos es imaginarte tu vida como el guion de una película que te guste mucho y que tiene un final feliz. Pensar en esa historia como algo ficticio, que nunca sucederá, y en ti, como un personaje de la misma, te quitará ansiedad a la hora de decidir tus objetivos.

- **No hablemos de ti, hablemos de tu mejor amigo o amiga**: También puedes suponer que planteas los objetivos para una persona que no eres tú, una a quién le deseas una vida espléndida, puede ser un mejor amigo, hermano, hijo, etc. ¿Cómo dibujarías su futuro? Crea para esa persona la vida maravillosa y perfecta que hubieses deseado para ti.

Bien, ahora que tienes la lista base de las cosas que quieres lograr para tu vida, voy ayudarte a pulir esos objetivos para que nos aseguremos de que están planteados de la mejor manera. ¡No te asustes, no es una clase de metodología! Son retoques imprescindibles para que tu cerebro asimile y confíe en que puedes lograrlos.

1. Tus objetivos deben estar escritos

Tanto cuando trabajaba en el área corporativa, como cuando he trabajado por mi cuenta, siempre he hecho las entrevistas de reclutamiento y selección por mí misma, nunca las he delegado. Una de las preguntas que siempre hacía a quienes entrevistaba, era si tenían objetivos de vida. Muchos contestaban que sí, pero la mayoría contestaban que no, o que tenían objetivos muy poco concretos y bastante genéricos como, por ejemplo, "seguir creciendo" o "ser mejor cada día".

En cuanto a quienes contestaban que sí, luego le preguntaba si simplemente los pensaban o los tenían por escrito. La gran mayoría respondía que los tenía muy bien controlados en su mente, y solo una minoría aseguraba tenerlos por escrito. A medida que aumentaba mi experiencia como entrevistadora, me daba cuenta de que las personas que escribían sus objetivos tenían resultados sorprendentemente mejores que las personas que solo los mantenían en su mente.

También veía que las personas que no tenían sus objetivos escritos no poseían tanta claridad con respecto a lo que esperaban obtener de la vida, al menos laboralmente hablando. Así que cuando llegaba la hora de hacerles una oferta laboral, y preguntarles por sus aspiraciones salariales, me encontraba con que quienes no tenían lo que deseaban por escrito, pocas veces sabían qué salario exigir.

Por lo cual, en caso de ser contratados, recibían el salario promedio estipulado para el cargo que entrarían a ocupar. En cambio, las personas que normalmente escribían sus metas, solían venir con una cifra en mente que podía estar por encima de la media de lo que yo proponía. En caso que el perfil nos interesara mucho se terminaba negociando con ellos un salario superior al que se le ofrecía inicialmente, a diferencia de lo que ocurría con los demás.

Mi experiencia, por más de dos décadas en el mundo corporativo y del emprendimiento, me ha enseñado que **las personas que escriben lo que quieren para su vida, tienen una mayor probabilidad de lograrlo y ganar más dinero que quienes no lo hacen.**

Escribir nuestros objetivos no solo es bueno para tener las cosas claras y no confundirlas entre los sesenta mil pensamientos -aproximados- que dicen los científicos que tenemos al día. Escribir hace que se activen partes de nuestro cerebro que no se activan cuando solamente pensamos, esto ayuda a encontrar respuestas creativas relacionadas con la consecución del objetivo que escribimos, y a darle una dirección clara a nuestra energía.

Por eso te he pedido antes que escribas lo que deseas para tu vida, si aún no lo has hecho, te sugiero que vuelvas atrás y lo plasmes en un papel.

2. Tus objetivos deben ser ambiciosos

Una de las cosas más importantes que debes tener en cuenta para que el planteamiento de tus metas dé frutos es que estas deben motivarte, deben ser ambiciosas, y por eso debes tener como premisa soñar en grande.

Tus sueños deben ser retadores y estar por encima de tus estándares y de aquello a lo cual estás acostumbrado para que te muevan, te impulsen y no te hagan lamentar las pérdidas o pequeños "fracasos" que pudieses tener en el camino hacia su consecución, porque los habrá, y son parte del recorrido.

Necesitas esos fracasos para evolucionar. Aunque estos procesos yo prefiero llamarlos **aprendizajes**, pues es mucho más beneficioso y motivador para tu cerebro sentir que al no conseguir tu objetivo ya puedes descartar un camino por recorrer, en vez de pensar que fracasaste y que lo hiciste mal.

Esto es una diferencia fundamental entre las personas de éxito y los conformistas. De ahí la famosa frase de Thomas Edison, **"no he fracasado, he encontrado 10.000 maneras en las que esto no funciona"**.

Sentir que el objetivo final vale realmente la pena es la única manera de combatir ese miedo y esos riesgos a los que tanto tememos y que enfrentamos al tener que salir de nuestra zona de confort.

Ir por algo pequeño no te impulsará a moverte de donde estás ahora, solo la ilusión por conseguir algo que para ti sea realmente grande y maravilloso, te mantendrá enfocado y te ayudará a enfrentar, con mucha más facilidad, cada momento donde el miedo o las dudas intenten apoderarse de ti.

3. **Tus objetivos deben ser creíbles**

A la hora de colocar tus objetivos, estos deben hacerte vibrar, si eso no está pasando entonces debes cambiarlos. Sin embargo, también es importante que tu cerebro los vea posibles, de lo contrario este va a esquivar todas las posibilidades de alcanzarlos ya que lo considerará una pérdida de tiempo. **Es importante no confundir objetivos ambiciosos con objetivos que parecen imposibles.**

Por ejemplo, si una persona tiene 20 kilos de sobrepeso y dice que los va a bajar en una semana, puede que su cerebro lo vea como algo tan difícil que ni siquiera lo intente. Tal vez sea distinto si se propone rebajar esos 20 kilos en unos meses, no parece tan descabellado y puede seguir siendo emocionante.

4. **Tus objetivos deben ser emocionantes**

La mnemotécnica es el proceso mental que consiste en establecer vínculos y asociaciones para recordar cosas. Cuando sentimos pasión por lo que hacemos, logramos que se libere dopamina, y esto va a contribuir a que la huella mnemotécnica sea más intensa.

Por eso tenemos más éxito en el proceso de aprendizaje cuando nos divertimos, porque se asimila mejor la información y se consolida mucho mejor el tejido neuronal.

Cuanto más piensas en ese objetivo que te produce emoción, mayor número de huellas neuronales se generan, lo que quiere decir que te acercas cada vez más a la meta, pues tu cerebro se va preparando de una manera real para alcanzarla.

Dicho de otra forma, cuando piensas repetidamente en objetivos que te producen emociones neutras, las redes neuronales asociadas a su consecución tardan mucho tiempo en consolidarse, o tal vez nunca lleguen a hacerlo. Es como si un pequeño y delicado hilo intentara formar esos circuitos que necesitas, sin embargo, cuando sientes emociones fuertes y positivas esos hilos se multiplican exponencialmente.

Si deseas que un objetivo te genere emoción, debes pensar en las cosas que más te gustan de la vida. Si, por ejemplo, necesitas más dinero, no pienses simplemente en una cifra aislada, debes conectar esa cifra con lo que deseas conseguir de ella. Piensa en el viaje que vas a hacer a Tailandia con tus amigos, en el automóvil que puedes comprarte para ir todos los fines de semana a la playa con tu familia, o piensa en todas las personas que podrás ayudar cuando consolides tu emprendimiento.

En realidad, no es el dinero lo que quieres, si no las cosas que puedes hacer con él, y es eso lo que debes tener siempre en mente. Solo así podrás recrear en ti la emoción que necesitas para conseguir la cifra que te propongas.

Volviendo al ejemplo del sobrepeso, tal vez, más que pensar en la cantidad de kilos que deseas perder, funcionará mejor pensar en la energía que por fin tendrás para hacer crecer tu negocio, jugar más con tus hijos o volver a usar esa ropa que tanto te gusta.

Ganar más dinero, pesar menos, tener más de aquello, o menos de lo otro, no son objetivos motivadores. Lo que realmente te motivará es lo que vas a hacer cuando hayas alcanzado esa situación y eso es lo que favorece el fortalecimiento de tus redes neuronales. **La emoción es un acelerador en el camino hacia tus objetivos.**

5. Tus objetivos deben redactarse en positivo

Cuando escribas tus objetivos, expresa siempre lo que quieres y no lo que no quieres. Suena bastante lógico, pero con frecuencia hacemos lo contrario, ponemos mucha más atención en aquello que no queremos, debido a que así nos educaron desde pequeños, con frases como "no te subas ahí", "no te comas esto" o "no hagas aquello".

Existen muchos libros de PNL (Programación Neurolingüística) que pueden explicarlo al detalle, pero la idea general con la cual debes quedarte, es que **el cerebro está programado para convertir las palabras en imágenes.**

Te voy a poner un ejemplo: si te digo "no pienses en un **árbol** con una **manzana roja**" lo primero que tu cerebro hará será pensar en un árbol con una manzana roja. Aunque esta frase está compuesta por unas 9 palabras, solo 3 de ellas pueden ser fácilmente asociables a imágenes, esto hace que las otras palabras pasen a un segundo plano, al menos en una primera impresión. Las palabras como "no", "en", etc. no le dicen nada a tu cerebro por sí solas, en cambio, la palabra "árbol" sí.

Recuerda que la principal función de tu cerebro es ahorrar energía, por eso se encuentra constantemente evadiendo todo aquello que lo distraiga de su objetivo. Si quieres que él entienda tus mensajes, no lo confundas diciendo cosas como "no quiero perder", dile directamente lo que sí quieres sin usar negaciones, por ejemplo, "estoy ganando".

Funciona parecido a un motor de búsqueda en internet, si pruebas a colocar la frase "no quiero ver tristeza" o "no quiero ver cohetes", los resultados que te arrojará el sistema son caras tristes y un montón de cohetes.

Simplifica la colocación de tus objetivos usando frases cortas, positivas y con palabras que te inspiren y ayuden a visualizar rápidamente lo que deseas obtener.

6. Tus objetivos deben redactarse en presente, en primera persona y visualizando

Tu cerebro atiende a tus órdenes y hace que te conviertas en aquello en lo que permaneces pensando la mayor parte del tiempo. Él no reconoce la diferencia entre lo que ves y lo que imaginas, y esta es una de las mayores ventajas a tu favor, pues eso lo hace **reprogramable**.

En otras palabras, tu cerebro reacciona de manera positiva o negativa a un estímulo, tanto si es real como si solo está en tu imaginación. Seguramente, conocerás el viejo ejercicio de la visualización imaginando que te comes un limón. Si cierras los ojos y dedicas unos segundos a pensar como su zumo recorre toda tu boca, apuesto a que tus glándulas salivales se activarán.

Lo mismo puede suceder si lees acerca de una situación erótica o la ves en una película, puede que tu cuerpo responda fisiológicamente a lo que está viendo, a pesar que tu parte consciente sabe que no está pasando nada de aquello en la vida real.

También sentirás tensión si ves una escena donde hay una situación estresante o agresiva, como algún tipo de maltrato, una violación, tortura, etc. Todos estos ejemplos son indicadores de que el cerebro no reconoce la diferencia entre realidad y ficción. Estudios científicos han logrado demostrar con escáneres que las partes del cerebro que se activan ante una determinada situación, son las mismas que se activan si tan solo se imagina esa situación. Por ejemplo, está comprobado que al visualizar que movemos un músculo de forma periódica este se fortalece aunque realmente no se esté ejercitando.

En la década de los ochenta, un investigador de la NASA llamado Dr. Charles Garfield, realizó un experimento con atletas justo antes de las olimpíadas de Lake Placid, New York.

Dividió a los deportistas en 4 grupos:

Grupo 1: Realizó el 100% del entrenamiento de manera física.

Grupo 2: Realizó el 75% de entrenamiento físico y el 25% del entrenamiento mental.

Grupo 3: Realizó el 50% de entrenamiento físico y el 50% del entrenamiento mental.

Grupo 4: Realizó el 25% de entrenamiento físico y el 75% del entrenamiento mental.

Durante el entrenamiento mental, estos atletas visualizaban a la perfección cada uno de los movimientos que deberían llevar a cabo durante la competición. En los resultados se observó que el grupo 4 fue el que obtuvo las mejores respuestas, seguido por el grupo 3, luego el 2 y finalmente el grupo 1. En resumen, a mayor entrenamiento mental, mejores respuestas en el desempeño.

Otro experimento que describe muy bien los beneficios de la visualización, fue llevado a cabo por el neurocientífico español Álvaro Pascual-Leone, profesor de Neurología en la Escuela Médica de Harvard. En dicho experimento, se le pidió a un grupo de voluntarios que nunca habían tocado el piano, que practicaran una melodía durante cinco días, mientras que a otro grupo se le pidió que practicara la misma melodía visualizando que tocaban la secuencia de las teclas, durante cinco días también.

Finalizado el período del estudio, todos los participantes habían aprendido a tocar la melodía. Cuando se les pidió que tocaran el piano con una práctica real, el grupo que había ensayado físicamente mostró una ventaja sobre el que lo había hecho mentalmente, sin embargo, un par de horas más tarde esa ventaja había desaparecido.

Visualizar ayuda a crear circuitos neuronales nuevos que luego facilitarán el proceso de la ejecución de aquello que fue visualizado.

Como ves, cuentas con el inmenso poder de lograr que tu cerebro crea que están pasando cosas que aún no están sucediendo. Este ejercicio, repetido de manera continua, creará nuevas conexiones sinápticas y logrará que lo que ahora mismo es una ilusión, se termine convirtiendo en una realidad siempre y cuando tomes acciones alineadas con lo que imaginas. De hecho, la posibilidad de que tomes acción aumenta potencialmente puesto que estarás actuando en coherencia con aquel pensamiento del cual intentas convencer a tu cerebro. Recuerda que a este no le gustan las incoherencias, por lo cual **uno de sus trabajos continuos es unificar la realidad con la "ficción" o la ilusión.**

Como adelanté antes, yo lo hacía constantemente durante mi proceso de curación, muchas veces al día durante meses me repetía a mí misma: "me siento agradecida porque estoy curada". Como ves, es una frase en presente, positivo y en primera persona. La combinaba con la visualización de mi cuerpo gozando de una salud extraordinaria. **Esta frase me salvó la vida.**

Luego de que me curé, aprendí a usar este método para todo. Entonces decía cosas como "gracias porque ya tengo este automóvil" aunque en realidad no lo tenía, "gracias porque estoy viajando a este sitio" aunque nunca había ido, etc.

Como habrás notado en estos ejemplos, **el agradecimiento también es importante.** Debes sentirte un ser afortunado constantemente por todo lo que tienes, logras y eres.

Quien no está agradecido por lo que tiene, no estará agradecido por lo que vendrá.

Mi jefe lo sabía

Este es **otro ejemplo de los beneficios de visualizar en presente.**

En una oportunidad, había estado pensando en que quería conseguir un cargo gerencial muy específico dentro de una de las empresas para las cuales trabajé. Sentía que cumplía con las características para ocuparlo, pero acababa de entrar a la organización apenas como asistente, varios cargos por debajo del que yo quería y, según aquella cultura corporativa, necesitaría entre 4 y 6 años para llegar al puesto que anhelaba.

Siempre escuchaba a mis compañeros quejarse de que nunca se ascendía a nadie, pues cada vez que se abría una vacante preferían traer a un nuevo profesional desde la casa matriz, ubicada en otro país.

Cuando estaba en la universidad, había tenido el sueño de llegar a aquel cargo antes de cumplir los 28 años y ya tenía 27. Estaba a pocos meses de "pasar la raya" y no tenía intención de cambiarme de empresa, pues estaba aprendiendo como nunca.

Aunque la posibilidad de lograr mi objetivo se veía bastante lejana e improbable, pasaron dos cosas importantes. La primera fue mi determinación por obtener el cargo antes de mi próximo cumpleaños (como dije, era mucho menos de un año). La segunda tuvo que ver con la intervención de mi jefe, aún sin saber que yo aspiraba a esa posición.

Él imprimió para mí la descripción del cargo que yo quería, y me dijo: "Pega esto en tu pared y léelo todos los días como una oración. **Piensa que tú ya eres hoy esa persona que se describe en ese papel** y que ya has desarrollado las condiciones para ocupar ese cargo".

Sin darme cuenta, él me estaba enseñando a visualizarme cuando yo aún no entendía mucho del tema. Me estaba enseñando a creer que ya era alguien que aún no era y que vivía en unas circunstancias que todavía no existían. Yo, aunque no sabía cómo iba a funcionar lo de leerme aquel papel tantas veces a la semana, igualmente lo hice.

En menos de tres meses estaba ocupando la posición que deseaba y fui la primera persona local en ser ascendida. Por primera vez no traerían a nadie de la casa matriz ni contratarían a alguien nuevo.

Repítete esto siempre: **"Si otros pueden, yo puedo. Si otros no han podido, yo seré el primero". Asume que lo que quieres ya está en tu vida, actúa en consecuencia e inevitablemente llegará.**

7. Tus objetivos deben ser descritos con detalles que te causen emoción

Tus metas de vida deben contener una descripción mínima. Te lo explico con un ejemplo.

Supongamos que alguien te envía a recoger a un desconocido al aeropuerto, sin más explicación. Sería muy difícil determinar qué criterios de búsqueda utilizar para encontrar a esta persona, sin conocer ningún detalle que la describa. Sin embargo, esta tarea se simplificaría enormemente si, al menos, te dicen que es un hombre de unos 30 años con una chaqueta amarilla.

Ya sé que, seguramente, no te pasaría nunca algo como esto. Pero con frecuencia, algo así nos pasa con cosas mucho más importantes que recoger a un desconocido en el aeropuerto.

Decimos que queremos un trabajo, una pareja, una casa, dinero, pero no somos específicos en su descripción, y en consecuencia, todas estas cosas seguramente llegarán, pero no como las queríamos y en estos casos, a veces, es preferible que no lleguen. Nadie quiere un trabajo, una casa o una pareja que traiga más problemas que satisfacciones.

Cuando no sabemos lo que queremos, o no somos específicos en su descripción, tenemos que conformarnos con lo que llega o correr el riesgo de que pase ante nuestros ojos sin que sepamos reconocerlo. En cambio, cuando dedicamos tiempo a entender lo que nos gusta, podemos identificar más rápido las oportunidades que nos presenta la vida para obtenerlo, y así perder menos tiempo en la búsqueda.

Tus objetivos NO pueden ser generales, metas tan amplias como tener más dinero, mejor salud o mejores relaciones, NO sirven.

Deben ser específicas para que el Sistema Activador Reticular Ascendente (S.A.R.A) te ayude a alcanzarlas. Este sistema está formado por un conjunto de neuronas ubicadas en el cerebro y tiene muchas funciones; entre ellas, alertarte acerca de situaciones que resultan relevantes para ti. Funciona como una especie de filtro que te ayuda a colocar tu enfoque en lo que realmente necesitas ver, poniendo todo lo demás en un segundo plano.

Siempre que hablo de la descripción de objetivos, recuerdo una oportunidad en la cual necesitaba un espejo para un lugar muy específico de mi habitación, pero cada vez que pensaba en ir a comprarlo me pasaba algo que me lo impedía. Nunca tenía suficiente tiempo para ir, además una vez se me estropeó el auto, otra vez no tenía el dinero en efectivo a mano, y otras muchas veces estaba cerrada la tienda cuando por fin sí tenía tiempo.

Un día, luego de un año intentando comprarlo, todo se alineó en mi vida para que pudiese ir a la tienda con suficiente disposición de tiempo, el dinero, auto y todo lo que necesitaba, sin embargo, cuando ya iba de camino me di cuenta que nunca había tomado las medidas de la pared para mandar a hacer el espejo. El tiempo pasó y nunca logré que las condiciones se alinearan de nuevo para volver por aquel espejo antes de mudarme a otra casa.

Esta historia es una analogía para explicar cómo dejamos de obtener muchas de las cosas que deseamos por no contar con las especificaciones de las mismas. Aun cuando la vida nos pone esas cosas delante no somos capaces de tomarlas, porque nunca llegamos a estar totalmente seguros de lo que queríamos, o no estábamos lo suficientemente preparados para aprovecharlo, y solo nos damos cuenta de esto cuando pasa el tiempo y miramos los hechos en retrospectiva.

Es importante que las oportunidades te encuentren preparado y "preparado" significa, como mínimo, saber lo que quieres.

Es necesario ser específico con los detalles que de verdad nos importan. Recuerda que la emoción es fundamental para acelerar el proceso de la consecución de objetivos. Por ejemplo, si quieres un nuevo trabajo escribe los detalles, pero no cualquier cantidad de datos irrelevantes, solo los que te produzcan emoción: tal vez para ti no sea emocionante definir de qué tamaño será tu mesa o de qué color serán las paredes, pero sí ser específico en cuanto al tipo de compañeros con los que te gustaría relacionarte, el tipo de funciones que deseas desempeñar o la vista que tendrás mientras trabajas. Igualmente si quieres una pareja, tal vez no importe el color de su cabello, pero sí que te haga sentir en paz cuando estás a su lado.

> **Ejercicio**: Escribe los detalles que describen tu objetivo más inmediato.

8. Tus objetivos deben tener fechas

Los sueños sin fecha son solo eso: sueños; esos que se quedan en una especie de "caja" que algún día mirarás con nostalgia si no haces algo ahora por conseguirlos.

En una oportunidad, estando en una comida familiar, mi abuelo dijo esto de repente: **"Si todos los que estamos aquí supiéramos lo corta que es la vida, probablemente ninguno de nosotros la hubiese vivido tal como lo ha hecho"** (Manuel Ares Nieto). Para ese momento él estaba a punto de cumplir 90 años y me parecía increíble pensar que la vida le había parecido corta, pero por otra parte lo entendí.

Sin importar la edad que tengas, seguramente sentirás que el tiempo se pasa más rápido cada vez, y esa sensación se acentúa en la medida que envejecemos. La vida es un parpadeo, y para que no se queden tus grandes sueños por lograr, debes colocarle fechas. No dejes nada para después, no sabemos si habrá un "después".

En mi caso, la vida me cambió el día que, con la mano casi temblando, me acerqué a mi mapa de objetivos y comencé a ponerle fechas a cada cosa. Mi cerebro se negaba, pero me forcé a hacerlo. No se me hubiese ocurrido semejante cosa de no haber sido por un programa que escuché en la radio aquel día.

Solía pensar que prefería que la vida me sorprendiera y no poner objetivos ni mucho menos tiempo límite a las cosas que quería lograr. Supongo que, en el fondo, era mi miedo a no ser capaz de cumplir. Pero mi perspectiva cambió totalmente luego del cáncer, cuando me di cuenta que esperando a que la vida me sorprendiera se me había ido acabando el tiempo y me había quedado sin lograr las cosas que quería.

Hasta entonces, cada vez que llegaba fin de año o mi cumpleaños, tenía siempre la triste sensación -tal vez la reconozcas- de que otro año se me había ido. Sin embargo, desde la primera vez que me forcé a poner fechas, determinada a que la muerte no me sorprendería nunca más sin haber hecho lo que quería, obtuve resultados increíbles en tiempos nunca imaginados. Esto trajo como consecuencia que los dos años posteriores a haberme curado se convirtieran en los más productivos de toda mi vida hasta aquel momento. Luego de aquello, nunca más lamenté volver a cumplir años ni la llegada del fin de año.

No tengas miedo a colocar fechas, no digo que todo tiene que estar programado y estructurado, hablo de las cosas importantes que realmente deseas tener, esto incluye el tema de pareja y familia. Muchas personas piensan que no hay que ser específico con respecto a estas áreas, mucho menos ponerle fechas, solemos escuchar que "ya llegará solo", que "cuanto más pensamos en eso más se aleja", que "todo tiene su momento" o "que sea lo que Dios quiera". Yo no soy de esa opinión. Yo creo que si tú quieres, Dios quiere, y sin duda te echará una mano, pero para eso tienes que saber **qué** deseas obtener primero.

Hay momentos para hacer y momentos para esperar y dejar que las cosas pasen, pero primero hay que hacer.

Si bien es cierto que todo tiene su hora, también es importante entender que hay cosas que nunca llegarán si no definimos características y tiempo límite. Lo que impide la llegada de ciertas situaciones no es describirlas o pensar demasiado en ellas, como nos hace suponer la creencia popular cuando asegura que "hay cosas que tienen que venir solas", lo que las aleja es la energía y presión que le imprimimos a nuestros deseos cuando no somos capaces de confiar en que se van a materializar.

Para explicar mejor por qué es importante poner fechas en áreas que supuestamente hay que dejar "fluir" -como la pareja y la familia-, pongamos un caso hipotético de una persona de 39 años que sueña con tener dos hijos biológicos. Coincidirás conmigo que debe tener un mínimo de planificación, especialmente si la comparamos con una persona de 19 o 29 años que desee lo mismo. Si se trata de una mujer, la planificación es diferente a la de un hombre, y si no tiene pareja, más aún. Como ves, algo que se supone que debería "llegar solo" puede que nunca llegue si no se planifica.

En este caso, "planificar" no debe interpretarse como un hecho fríamente calculado donde tener un hijo se convierte en una transacción que debe llevarse a cabo antes de la fecha asignada en el plan bajo cualquier circunstancia. Se refiere a que si uno de tus sueños realmente es ser madre o padre, debes llevar a cabo unas acciones mínimas requeridas que ayuden a que tu energía se ponga en sintonía con lo que deseas lograr mientras estás dentro de los tiempos adecuados. Luego suéltaselo al universo y confía, pero da tú el primer paso. Y aunque tus objetivos no se cumplan exactamente en la fecha que programaste, no sientas frustración por ello. Continúa visualizando tu situación ideal y te aseguro que estarán mucho más cerca de cumplirse que si optas por no poner ninguna fecha.

Si quieres una pareja, busca pareja; si quieres hijos, busca hijos; si quieres amigos, busca amigos; si quieres el éxito, busca el éxito. Recuerda que lo que buscas te está buscando a ti también. En mi caso, cuando quise tener pareja, ser madre o emprender, fui a por ello, nada de eso llegó hasta que fui a buscarlo. Si bien es cierto que no me obsesioné y confié, también es cierto que busqué, puse mi intención y el poder de mi visualización en conseguir aquello que deseaba obtener.

Las cosas no caen del cielo, caen de un sitio mucho mejor: de tus decisiones. Si cayeran del cielo tendrías que conformarte siempre con lo que llegase, y la verdad es que no tienes que conformarte con nada que no quieras.

Todo lo puedes cambiar e incluso, cuando no puedes cambiar algo, siempre te queda la opción de cambiar tú.

Recuerda: la calidad de tu vida depende de la calidad de tus decisiones, no del tiempo que seas capaz de esperar a que las cosas lleguen solas.

> **Ejercicio:** Te invito ahora que pienses por un momento cómo y dónde quieres verte dentro de 5 y 10 años. Luego echa la cuenta hacia atrás y escribe lo que deberías estar haciendo dentro de 1, 2 y 3 años, incluso las acciones que deberías estar ejecutando las próximas semanas para lograr esas metas. Ahora contrasta esto con la lista de objetivos que realizaste previamente, verificando que haya coherencia entre ambas cosas. Este ejercicio te ayudará a saber qué fechas debes ponerle a cada objetivo de tu vida para que sea realista pero retador a la vez.

Si cuando estés definiendo las fechas para tus objetivos existiese alguno que tu corazón te indique que puedes tener pronto, pero tu lógica te dijese que no es posible, déjalo allí "descansando" por unos días, dale un poco más de tiempo, **porque cuando tu lógica cambie, las soluciones lo harán también.**

Define tus "porqués"

No todo es lo que parece.

Es importante que **lo que quieres lograr** no sea confundido con **lo que supones que debes hacer para lograrlo**. De lo contrario, podrías emprender un largo viaje en el camino equivocado. Por eso es fundamental que, ante cada objetivo que te coloques, te hagas la pregunta de "por qué" quieres conseguirlo y qué necesidad o emoción estás cubriendo con él.

Aquí te pondré un par de ejemplos de lo fácil que es terminar persiguiendo los objetivos equivocados cuando no tenemos claridad acerca de la manera como nos satisface su consecución.

En una oportunidad, escuchaba una sesión de terapia grupal por internet, y recuerdo haber oído decir a una mujer latinoamericana de unos 50 años que quería emigrar a Europa lo antes posible. Sin embargo, más allá de sentirse entusiasmada por esta decisión, se notaba agobiada y triste.

El conductor de la sesión se dio cuenta y le preguntó por qué quería irse, ya que no parecía muy emocionada con la idea. Ella respondió que quería tener pareja de nuevo y, según ella, en Latinoamérica eso no era posible porque a los hombres de allí solo les gustaban las mujeres jóvenes y, además, aseguró que eran todos infieles. Por este par de razones ella quería una pareja europea, la cual suponía que solo podría conocer viviendo en ese continente.

Como habrás notado, lo que ella deseaba era tener pareja, no vivir en Europa. Esa confusión en el planteamiento de su objetivo la estaba conduciendo a una vida que no deseaba, pues no solo estaba partiendo del error de ir tras la meta equivocada, sino que también lo estaba haciendo desde un pensamiento de carencia y bajo convicciones que no necesariamente eran ciertas.

Por ejemplo: no es cierto que a los latinos solo le gustan las mujeres jóvenes, que todos los latinos son infieles, que solo hay europeos en Europa, que solo los europeos son fieles, etc. Ella misma se estaba cerrando las puertas a la consecución de su objetivo, obligándose a transitar el único camino que le parecía lógico, sin confiar en que había otras maneras de tener una pareja como la que ella deseaba.

En otra oportunidad, alguien me decía que uno de sus objetivos era mudarse a la ciudad donde quedaba su trabajo, a pesar de que no le gustaba ese lugar. Entonces le pregunté por qué insistía tanto en mudarse a una ciudad por la cual no se sentía atraído, y me dijo que era para no tener que pasar tantas horas al día conduciendo. En este caso, le ayudé a ver que su objetivo no era mudarse, era estar más cerca de su trabajo. A los pocos días encontró un empleo cerca de su casa y así logró tener su hogar y su trabajo juntos, en la ciudad que le gustaba, sin la necesidad de irse.

Revisa por qué quieres las cosas y **analiza si lo que estás pidiendo realmente es lo que deseas, o más bien es lo que consideras que es tu única opción para llegar a donde quieres.**

> **Ejercicio**: Ve a tu lista de objetivos y elimina todos aquellos que no respondan a un "por qué" claro y tengan la capacidad de hacerte sentir emoción.

Ahora que ya sabes cómo formular tus objetivos de vida correctamente, pasemos a la fase de reprogramar tu cerebro para que éste te conduzca, inevitablemente, a la consecución de tus metas.

Desbloquea tu sabiduría, cambia tu vida

Paso 3: REPROGRAMAR

-¡Mente a la obra!-

"El futuro pertenece a quienes creen en la belleza de sus sueños". -Eleanor Roosevelt-

A lo largo del libro hemos hablado de cómo funciona tu cerebro, y de cómo debes plantearte los grandes y pequeños objetivos de tu vida para que éste quiera trabajar en su consecución.

Hemos hablado también de la importancia de pensar en abundancia y **CREER en las posibilidades,** incluso aunque hasta ahora no seamos capaces de verlas debido a la manera como están configuradas nuestras redes neuronales. Estas redes o circuitos neuronales son como las huellas dactilares, su configuración es totalmente distinta para cada individuo, y por eso cada persona tiene un filtro particular que le permite ver unas cosas que alguien más no puede ver.

Como ya dijimos, esto explica por qué lo que parece imposible para ti es posible para otra persona, y por qué lo que para ti llega sin esfuerzo, para otros se hace prácticamente inalcanzable.

También hemos hablado de que tus creencias no tienen por qué ser tu verdad, que puedes **REPLANTEAR tu vida** y darte permiso de elegir cosas nuevas que hasta ahora no considerabas posibles o alcanzables. Es solo cuestión de jugar con la plasticidad de tu cerebro hasta convertirlo en el de la persona que necesitas ser, para así tener lo que sueñas conseguir.

Ahora voy a compartir contigo las herramientas que me ayudaron a **REPROGRAMAR mi mente** para curarme y conseguir todas las cosas que han sido importantes para mí, las mismas que han logrado cambiar la vida de muchas otras personas a las que he ayudado durante estos años.

Puede que dudes del impacto de algunas de ellas al ver lo sencillas que son, sin embargo, solo utilizándolas podrás comprobar su eficacia. A medida que las vayas experimentando, te darás cuenta que algunas son **sensoriales** y otras **actitudinales**. Podrás identificar aquellas que mejor se adapten a tus necesidades. Te sugiero que las pruebes todas y luego te quedes con el conjunto de ellas que mejor funcione para ti, ese será tu **nuevo sistema personalizado** para la consecución de objetivos.

La estimulación que el uso de dichas herramientas proporcionará a tu cerebro en el día a día, traerá como consecuencia que este normalice situaciones que, anteriormente, podían parecer imposibles para él. Con la práctica dejará de rechazarlas y cuestionarlas, integrándolas y considerándolas parte de su nueva y única realidad.

Esto te llevará automáticamente a **ACTUAR como la nueva persona** en la que te estás convirtiendo desde este momento.

Pongámonos en acción, y ¡mente a la obra!

Entrénate para la felicidad

La felicidad se aprende.

El objetivo final de todo este libro es ayudarte a que la felicidad sea un estado permanente en tu vida, en esa dirección van todos los ejercicios de reprogramación mental que te irás encontrando de aquí en adelante.

Ninguno de estos ejercicios es antes o después que el otro, todos forman parte de una rutina de entrenamiento que te alejará de todos esos pensamientos que te conducen a emociones de baja frecuencia, y que no hacen más que mantener viva nuestra adicción a la química que se genera en estos estados emocionales.

Estos pensamientos son como un virus en tu computadora: no te dejan abrir ninguna aplicación ni avanzar en la dirección que deseas. Generalmente están asociados al pasado o al futuro, lo cual impide que identifiques oportunidades en tu presente.

La felicidad es el secreto del éxito, no al revés. No tienen que pasarte cosas que quieres para que seas feliz, tienes que ser feliz para que te pasen las cosas que quieres.

Ser feliz es un hábito que, al igual que un músculo, se va desarrollando diariamente sobre la decisión propia de sentirte bien la mayor parte del tiempo. Tu felicidad no solo es necesaria para ti, también es una responsabilidad que tienes con los demás. La gente feliz es más colaboradora, agradecida, posee más y mejores relaciones, agrega mucho más valor a su entorno proporcionando bienestar a su familia, a sus compañeros de trabajo y, en resumen, a toda la gente que le rodea.

Su presencia es deseada y necesaria. A nivel laboral, la gente feliz es mucho más productiva y creativa, ya que presenta diferencias sistemáticas en su actividad cerebral. Suele conseguir más seguidores en sus roles como líderes, y extraer lo mejor de cada quien para la consecución de los objetivos comunes.

La felicidad también alarga la vida, pues favorece el sistema inmunológico, alivia tensiones y mejora el flujo sanguíneo, y esto hace que te enfermes con menos frecuencia, teniendo así más energía y ánimo para ir por tus objetivos.

El primer paso para desarrollar cualquier hábito es la decisión de comenzar a ejecutarlo, y desarrollar el hábito de ser feliz no escapa de esta regla: **la felicidad es una decisión.**

No importa si chocaste tu auto hoy, si te dejó tu pareja, te echaron del trabajo o si te diagnosticaron una enfermedad. Tampoco si estás en una cárcel o en la habitación de un hospital con alguna incapacidad física y sin contacto con el exterior, porque en todos estos casos, lo único que sigue estando en tus manos es la elección de tus pensamientos y la interpretación que decidas darle a tu situación.

La felicidad no es un estado de ánimo temporal que corresponde a la consecución de un logro, eso se llama placer o alegría. La felicidad se mide en períodos de tiempo más largos. Es comprometida, placentera, relacional y con sentido.

Si buscamos data que mida la felicidad, nos encontraremos con un montón de índices que arrojan resultados variables de acuerdo a cada cultura, época, gobierno de turno, etc. Sin embargo, hay dos desafortunados factores que se repiten, sin importar la población o la época que analicemos. El primero de ellos es que las personas sienten que no son lo suficientemente felices, y el segundo es que su felicidad depende de algo que está fuera de ellos, algo que está por mejorar, por llegar o por pasar.

Para explicarte mejor a dónde quiero llegar, te voy a pedir que observes el siguiente gráfico compuesto por tres índices de felicidad de tres personas distintas. El eje horizontal representa los meses de un año en un período de tiempo determinado, y el eje vertical el nivel de felicidad percibida por cada una de ellas en cada momento de ese año:

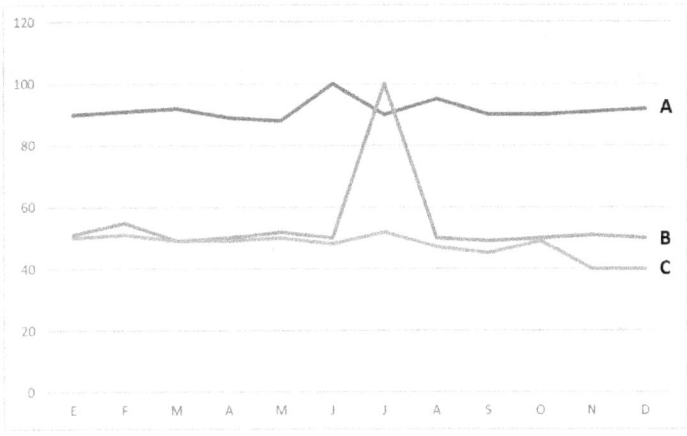

La línea "C" representa a una persona promedio, de las que no han desarrollado el hábito de la felicidad porque piensan que se encuentra sujeta a las condiciones del entorno la mayor parte del tiempo. Es una persona con una vida bastante lineal aunque, como todas las demás, tendrá momentos de alegría y tristeza que se representan en el gráfico por los pequeños picos que suben y bajan. Cada subida representa momentos a los cuales este individuo clasificaría como felices, por ejemplo: graduarse, casarse, tener un hijo, un aumento de sueldo, etc. Los pequeños picos hacia abajo representan momentos que usualmente consideraría infelices, por ejemplo: ser despedido, divorciarse, perder a un ser querido, etc.

La línea "B" también representa a una persona promedio, pero que en este caso se gana la lotería o le sucede algo que, desde su punto de vista, es considerado excepcionalmente bueno y muy por encima del estándar de las otras cosas buenas que le suelen pasar. Este hecho lo traslada a lo que él, o ella, piensan que es un estado de "felicidad" máximo. En este caso, su curva sufre un fuerte repunte positivo que le saca temporalmente del índice promedio al que venía acostumbrado, y donde se encuentran viviendo la mayor parte de las personas.

Sin embargo, a pesar de la alegría que siente ante este hecho, con el pasar del tiempo sucederá algo importante: se pondrá en evidencia lo que se llama adaptación hedónica. Este es un mecanismo psicológico donde, una vez satisfecho un deseo, otro nuevo deseo o necesidad toma su lugar, haciendo que el individuo regrese a su estado inicial de insatisfacción.

Esto también recibe el nombre de rueda o noria hedónica porque nos hace recordar a un roedor en una rueda que, constantemente, sube por ella con la esperanza de encontrar satisfacción cuando llegue a la cima. Sin embargo, una vez allí, lo único que consigue es volver a comenzar a subir de nuevo. Esto significa que, si bien al principio este individuo se sentirá más feliz por tener más dinero, al cabo de un tiempo tendrá nuevas necesidades que harán parecer que haberse ganado la lotería no fue realmente tan especial como parecía entonces.

Esto sucede debido a la configuración de sus redes neuronales. Si esta persona no se consideraba feliz antes de la lotería, volverá a sentirse infeliz a pesar de este acontecimiento. Ya sea porque ahora tiene que pagar más impuestos, porque teme a ser secuestrado por culpa de su dinero, porque cree que el sexo opuesto se le acerca solo por interés económico o porque, simplemente, descubre que el dinero no soluciona todos los problemas.

Cualquier excusa será buena para justificar que ahora su vida está mal de nuevo aunque tenga dinero, y esto pasa porque sus circuitos neuronales están acostumbrados a una vida de carencia y, al igual que una goma elástica o cualquier material con memoria, sus redes neuronales lo llevarán al mismo lugar donde se encontraba antes de ser rico, incluso aunque su situación económica quedase solventada de por vida.

<u>La línea "A"</u> representa a una persona que **es feliz** indiferentemente de las circunstancias que le rodean. Al igual que las personas "B" y "C", esta persona también tiene momentos de alegría y de tristeza.

También se va a sentir mejor si se gana la lotería, se enamora o consigue un nuevo trabajo, y se va a entristecer si se divorcia, se le muere alguien o tiene un accidente. Aun así, la configuración de sus redes neuronales se encargará de llevarle rápidamente a su estado inicial de nuevo, como sucede en el caso de las otras dos personas. La gran diferencia entre este individuo y los otros dos es que este siempre volverá pronto a vibrar alto, mientras que los otros siempre van a vibrar de una manera intermedia o baja.

La línea "A" describe a una persona que conscientemente se ha encargado de desarrollar su propia felicidad como parte de un hábito diario, tal como se sugiere a lo largo de todo este libro. O tal vez ha desarrollado este hábito de manera inconsciente, suponiendo que nació y creció en un entorno donde se le enseñó la importancia de mantener emociones que le produjeran bienestar.

Hace muchos años decidí convertirme en una persona "A" buscando la cura para mi enfermedad y, por si consideras que aún no lo eres, te voy a contar lo que se siente luego de haber sido toda mi vida una persona "B" o "C". Se siente como si tuvieses instalado un programa automático que corre y se actualiza solo: allí eres feliz siempre.

Como cualquier persona, he tenido momentos tristes, decepciones, miedos irracionales, se me han muerto algunos de los seres que más he amado, he tenido rupturas amorosas y ¿sabes qué?: tan pronto pasa el momento, o al día siguiente, vuelvo a estar bien. Antes necesitaba largos períodos de tiempo para recuperarme, pero hace muchos años que ya no.

Puede parecer que no me importan ciertas cosas o que no siento dolor emocional, pero nada más lejos de eso, siento más amor y empatía con mi entorno de lo que nunca había sentido en mi vida. La diferencia es que ahora no me "engancho", pues ya aprendí que someterme todo el tiempo a la química que trae como consecuencia el dolor, puede enfermarme o llevarme de vuelta al desarrollo de circuitos neuronales parecidos a los que tenía antes.

Cada vez que nos dejamos arrastrar por una emoción de baja frecuencia, nos vemos sometidos a un obligatorio período de recuperación donde el cuerpo se ve forzado a deshacerse de todas las toxinas de las cuales nuestra química cerebral lo inundó. Cuanto más baja y prolongada es la emoción, más largo y tóxico es el período de estabilización que le sigue. Y cuantos más períodos de recuperación necesitemos, más tiempo pasará nuestro cerebro programándose con base en emociones de baja frecuencia, más expuesto estará nuestro cuerpo a las enfermedades, y más nos alejaremos de nuestros objetivos.

A esto lo he llamado "períodos grises", y para comprender mejor de que se tratan, podemos compararlos con la resaca que sufrimos luego de ingerir, en exceso, alguna bebida alcohólica. En este caso, la situación que nos hace sentir mal jugaría el papel de la bebida, y el tiempo que tardamos en recuperarnos jugaría el papel de la resaca. Cuanto más fuerte y frecuente es la bebida, más fuerte y frecuentes serán las resacas. Si bebemos un poco de vez en cuando el cuerpo se recuperará con facilidad, si lo hacemos muy seguido el cuerpo puede llegar a colapsar.

Los períodos grises son las resacas de nuestros declives emocionales. En estos casos, nuestro cuerpo no lucha contra los químicos del alcohol, lucha contra los químicos que nosotros mismos producimos al someternos a emociones de baja frecuencia como podría ser el cortisol y la noradrenalina, entre otros.

Por ejemplo, si te enciendes en cólera a consecuencia de tener una discusión con alguien, tu período gris va desde que tienes la pelea hasta que te sientes bien de nuevo física y emocionalmente. Pero si discutes continuamente, tendrás períodos grises continuamente; incluso puede que vayas de uno en otro sin que te dé tiempo de salir nunca, como sucede en ciertas relaciones de pareja o laborales.

Cuanto menos tiempo dure el período gris, menos daño te hará. Por eso debes procurar salir rápidamente de ellos y entrenar a tu cerebro para recuperarte, en horas o minutos, de lo que a otros le puede llevar días, meses o años. También puedes entrenarlo para no caer en esos períodos. Recuerda, cuanto más tiempo pases en tu centro, mejor para ti.

No dependes de nada ni de nadie para ser feliz, solo de tu decisión de serlo. Levantarte cada mañana y ser feliz con lo que tienes, y no con lo que vendrá, es un hábito que te pondrá en la frecuencia adecuada para permanecer viviendo la vida que deseas por siempre, y atraer las circunstancias deseadas rápidamente.

Cuando estás feliz, tu visión periférica se amplía y puedes ver puertas donde antes solo veías muros, y soluciones donde antes solo veías problemas.

Piensa en lo que quieres y no en cómo lo conseguirás

<small>Aparecerán caminos que antes no eras capaz de ver.</small>

Cuando comiences a visualizar diariamente la consecución de los objetivos que has definido, es muy importante que recuerdes que el "QUÉ" empodera y el "CÓMO" confunde. Es decir, **debes poner tu mirada en la meta, no en el camino. Mantenerte firme en el objetivo y flexible en la estrategia.**

El "QUÉ" puede ser viajar, curarse de una enfermedad, convertirse en padre, comprar un auto nuevo, crear una empresa, conseguir una pareja o que el mundo conozca tu talento, elige tú. El "CÓMO" es la manera que usarás para conseguir todas esas cosas y no siempre lo decides tú, a veces lo decide la vida, el universo o un poder superior.

Y me fui por el mundo

El año en el que logré despedirme de mi enfermedad, empecé a pensar en cosas en las que no había pensado antes, entre ellas, pensé que si esto se trataba de pedir sin límites entonces yo quería viajar mucho. Para mí "mucho" significaba todos los meses, o un mes sí y un mes no.

Mis razones para viajar eran bastante específicas: quería conocer otros países y culturas. No me importaba si no pasaba mucho tiempo en el sitio, tampoco me importaba si no dormía en los mejores hoteles o si no comía la mejor comida. Era mi tiempo de explorar el mundo, y mi deseo concreto fue viajar todos los meses de mi vida a países distintos durante dos años, como máximo con un mes de descanso en el medio.

Mi petición iba en contra de todo lo que para mí era lógico, pues aún no tenía el tiempo ni el dinero para hacerlo, pero era lo que deseaba y así lo pedí.

Comencé a buscar en internet los países que quería conocer, a ver programas de viajeros y a anotar en una libreta todas las recomendaciones que hacían en estos programas para cada sitio, a ver precios de pasajes, a buscar formas económicas de estadía, y todo aquello que me hiciera visualizar con claridad que ya estaba en el camino hacia el logro de mi meta.

Mi salario para aquel momento no era suficiente para cumplir con aquel nuevo objetivo, y mi tiempo de vacaciones era de tan solo 15 días al año. Pero mi deseo era fuerte, constante y muy claro. Yo no pedía ni más dinero ni más tiempo (pues eso era el CÓMO), pedía viajar (eso era el QUÉ).

Comencé primero a usar los fines de semana visitando los países más cercanos para que no se me pasara el poco tiempo del que disponía estando en un avión. Aprovechaba los días festivos y puentes con alguno que otro día de vacaciones por el medio, de esa manera lograba juntar unos tres o cuatro días cada vez. Vivía explorando las páginas de las líneas aéreas y, con frecuencia, encontraba ofertas increíbles. Lo mismo hacía con las páginas de hostales, y así iba consiguiendo hacer algunos viajes sin que se viese afectado mi rendimiento en el trabajo, por el contrario, mi creatividad y productividad aumentaba durante cada viaje y siempre regresaba con nuevas ideas de productos para desarrollar.

A pesar de que ya estaba viajando mucho, todavía no estaba viajando con la frecuencia deseada. Esto cambió el día que mi jefe me pidió una reunión para proponerme unos nuevos proyectos. Allí me dijo que para llevarlos a cabo era necesario hacer algunos viajes al exterior, por lo cual tendría que estar viajando muchas veces en los próximos dos años. Él quería saber si yo estaba dispuesta a aceptar esa responsabilidad.

Allí estaba mi deseo cumplido. Nunca pensé que pasaría así, nunca supe cómo se iba a materializar, pero sabía que iba a pasar. De esta manera estuve viajando dos años, casi todos los meses, tal como había soñado. La mayoría de las veces lo hice por mi cuenta y otras tantas fueron por trabajo, financiada por la empresa. Como fuese, estaba cumpliendo mi sueño. Recuerdo que en uno de esos viajes quedé enamorada de Argentina y, dentro de mi objetivo de viajar, nació el objetivo de volver a ese país la mayor cantidad de veces posible, así que todo se alineó para que pudiese regresar seis veces durante aquellos dos años.

Pasé de viajar una sola vez al año -con mucho sacrificio-, a viajar entre 8 y 10 veces anualmente. ¿Acaso cambió el entorno? No, una vez más: **cambié yo y mi manera de ver las cosas, también mis estándares.**

Un viaje cada dos meses era lo mínimo que estaba dispuesta aceptar luego del susto que había pasado con mi enfermedad -esto suena a broma, pero es verdad- sé que si me hubiese fijado desde el principio en el "cómo" no hubiese logrado ver más nada que las limitaciones que ya había estado viendo el resto de mi vida, pero aquel viaje a Londres que te conté antes, me dio la base y confianza que necesitaba para aventurarme en aquel recorrido.

Este es un buen ejemplo de cómo pedir lo que queremos sin pensar en cómo podremos obtenerlo.

Sé completamente irracional

Aparecerá una red cada vez que decidas saltar al vacío.

Si todo se ve difícil y limitado piensa que tú eres la excepción y que para ti será fácil y abundante.

Jack Ma, el fundador y Presidente Ejecutivo de Alibaba Group, dijo una vez que **"si quieres lograr algo grande de verdad, no puedes pensar en términos racionales ni ser razonable, ningún logro grande y visionario ha venido de la mano de alguien razonable"**.

Hoy en día, cuando miro mi vida hacia atrás, me sorprendo de cuántas cosas decidí creer sin evidencia. Incluso mucho antes del cáncer hubo cosas que me parecían tan fuertes de enfrentar que simplemente elegí pensar que no estaban allí y seguir.

Puede que eso suene a que estaba evadiendo problemas, pero en realidad lo que hice en los casos donde tuve éxito, fue colocar el enfoque en otra cosa con el fin de que mi atención y mi energía fluyeran hacia otro lado. Los casos donde no tuve éxito fueron aquellos donde decidí enfocarme en el problema. Recuerda: **tu atención fluye hacia allí donde colocas tu enfoque.**

Es muy importante saber identificar la delgada línea entre evadir problemas y colocar el enfoque y la atención en situaciones que nos ayuden a mantener la energía alta. **Cuando evadimos un problema, este aumenta. Cuando reenfocamos la atención en lo que queremos o en aquello que contrarresta el problema, entonces este se atenúa y las**

soluciones aparecen.

Te contaré dos historias que ayudan a ilustrar la forma como el enfoque nos ayuda en la consecución de nuestras metas y como, a veces, **ser irracional** es la única salida cuando todo parece estar en tu contra.

Todos los caminos se abren a mí

Como sabes, gran parte de mi vida transcurrió en Venezuela. Debido a la situación política y social que se vivía en mis últimos años allí, fui apuntada unas seis veces con armas de fuego en el tráfico y víctima de dos intentos de secuestro.

En el último intento de secuestro cuatro hombres armados, en dos motos, me persiguieron por las calles más estrechas de Caracas mientras yo trataba de huir en mi automóvil. Lo recuerdo como los minutos más largos de toda mi existencia.

Me vi obligada a escapar como pude, usando todas las habilidades para conducir que había desarrollado a lo largo de mi vida, pasando entre paredes por sitios donde casi no cabía, transitando en contra vía, corriendo todo lo que podía y poniendo mis frenos y mis nervios a prueba. Cada segundo que transcurría en aquella persecución, parecía un desafío a la lógica, debido a que lograba superar obstáculos que parecían imposibles al principio. Por ejemplo, lograr pasar por lugares en donde aparentemente no cabía, o ver cómo se despejaban calles que milésimas de segundos antes había visto atascadas de tráfico.

A pesar de las dificultades, y luego de un buen rato de persecución, logré escapar ilesa. Y aunque cuando terminó todo estallé en llanto, durante la persecución nunca dudé que me salvaría. Jamás imaginé que lo que había aprendido con el cáncer me serviría para tantas situaciones en mi vida, pues lo que me salvó de aquel secuestro fue lo mismo que me salvó de mi enfermedad. Te lo explico a continuación.

En primer lugar, **ser completamente irracional** y pensar que me liberaría de aquella situación, aunque no tuviese ni idea de cómo eso iba a pasar, y en segundo lugar, pensar que aunque todo se mostrase en mi contra, **yo podría ser la excepción** a la regla una vez más.

Sin embargo, aquel momento estuvo compuesto de otros factores importantes que también estuvieron presentes durante el tiempo que trabajé en curarme, y los compartiré contigo:

1) **Mantén el enfoque**. Mi enfoque no estaba en el problema, sino en la solución. Nunca coloqué mi energía en mirar por demasiado tiempo a los secuestradores, solo buscaba sitios por donde pudiese salir. Igualmente, nunca puse mi enfoque en el cáncer, solo en las posibles formas de curarme.

   A veces los problemas de la vida hacen tanto ruido y llaman tanto la atención que no te permiten quitarle la vista, pero es necesario hacerlo si de verdad quieres liberarte de ellos, así podrás tener tu mirada disponible para encontrar soluciones.

2) **Arriesga para ganar.** Arriesgué mucho, pues aunque me podían disparar de lejos, seguí pensando que antes de que

ellos dispararan, yo habría encontrado la manera de huir. Estaba dispuesta a defenderme sin importar lo que tuviese que hacer. En cuanto al cáncer, arriesgué mi vida dejando de ir al tratamiento médico convencional, y llegué al punto de preferir morir que seguir como estaba, y aunque nunca le recomendaría a nadie que abandone su tratamiento, este fue el riesgo que yo elegí correr en medio de mi desesperación.

A veces tienes que arriesgar algo si quieres ganar algo, cada quien decide cuánto vale la pena arriesgar por el objetivo que desea lograr.

3) **Cuestiona las reglas.** Soy una persona a la cual le gusta respetar las reglas porque las considero necesarias para evolucionar. Sin embargo, en aquel momento donde me perseguían tuve que hacer varias cosas que nunca hubiese hecho en circunstancias normales; por ejemplo, tuve que superar varios límites de velocidad y pasar varios semáforos en rojo (aunque con precaución de no herir a nadie), pero la verdad es que infringí algunas normas para lograr mi objetivo de sobrevivir. Al enfrentarme al cáncer sucedió lo mismo, pasé por encima de todas las reglas y creencias que había aprendido a respetar desde pequeña.

Mi mayor aprendizaje en este sentido es que pueden existen normas que te harán creer que lo que deseas obtener no tiene manera alguna de ser alcanzado. En estos casos, coloca siempre la duda por delante. Las normas son hechas por el hombre y pueden no ser compatibles con algunas situaciones de la vida; hay muchos caminos que puede que no estés viendo, porque una determinada norma te oculta opciones.

No estoy invitándote a irrespetar las reglas, te estoy invitando a cuestionarlas y a colocarlas en una balanza durante los momentos más decisivos de tu vida. Si exceder un límite de velocidad puede salvar tu vida, pisa el acelerador y luego paga la multa.

4) **Hazlo por amor.** Así como en el fondo nunca acepté la posibilidad de que el cáncer acabaría conmigo, tampoco acepté la posibilidad de que estos delincuentes acabarían conmigo. Podrás estar pensando que sentía un gran amor hacia mí misma y por eso quise sobrevivir, y en cierto modo es verdad. Pero en realidad fue el amor hacia mis padres lo que me mantuvo viva las dos veces. No era capaz de imaginar el sufrimiento que les podía ocasionar el hecho de que yo muriese en aquel secuestro, o que los llamaran a pedirle un rescate que no podrían pagar y, a cambio, tener que entregar mi vida.

A veces, cuando el amor hacia ti mismo no es lo suficientemente grande para dar el paso que necesitas dar, piensa en aquellos a quienes más amas y hazlo por ellos. Si tienes un sueño y aún no eres capaz de ir por él, tal vez te ayude pensar en lo bueno que resultaría para la vida de esos seres a quienes tanto quieres el hecho de cumplir tu sueño, y en lo felices que se sentirían al verte brillar. Solo por eso valdrá la pena lograr tu objetivo.

En resumen, cada vez que te encuentres en una situación sin salida aparente, donde tampoco tengas referencias de que alguien lo haya logrado antes, simplemente sé irracional, sigue tus instintos y piensa: **"yo soy la excepción"**.

Mi automóvil naranja

Una de las primeras cosas que deseé lograr, tan pronto superé el cáncer, fue comprarme un automóvil como el que, tiempo atrás, le había visto a un conocido.

Nunca me habían importado demasiado los autos hasta que vi aquel de color azul marino. Fue amor a primera vista.

Por un lado, pensé que sería inalcanzable para mí, por otro lado, y luego de haberme curado cambiando mi manera de pensar, evidentemente entendía mejor cómo funcionaban ciertas leyes universales, nuestra energía y la visualización. Entonces, decidí ir por él a pesar de que no tenía el dinero ni había casi autos nuevos a la venta en Venezuela, porque sí, mi deseo era un automóvil sacado del concesionario.

El país ya había entrado en una crisis que se asemejaba a un avión que caía en picada. Los concesionarios estaban vacíos, y las listas de espera para comprarse un auto nuevo eran de dos años o más. Adicionalmente, en caso de conseguir uno, había que aceptarlo como llegase, no se podían solicitar características especiales como por ejemplo la elección del color.

Corría el mes de octubre y el gobierno había anunciado ciertas medidas económicas, para el siguiente enero, que suponían una nueva devaluación, y a mí se me había metido en la cabeza que quería mi auto antes de que llegase la devaluación, es decir, en dos meses.

Se lo conté a mis amigos del trabajo y me dijeron que había perdido la cabeza, que claramente no entendía nada de lo que estaba pasando con la economía nacional. Así que me busqué a un amigo igual de soñador que yo y le pedí que me acompañara a recorrer tres estados distintos del país, durante un día sábado, para visitar varios concesionarios con la esperanza de conseguir el automóvil de mis sueños por un milagro.

Pero nada de eso pasó, los concesionarios solo me ofrecían anotarme en una lista de espera como a todo el mundo.

Aquel día antes de regresar a casa le dije a mi amigo:

—¿Sabes qué? Aunque ocurriese un milagro y me llamasen este lunes para decirme que tienen un automóvil para mí, no me serviría de nada, pues no tendría cómo pagar la cuota inicial.

—Entonces vende el auto que tienes ahora y págala con ese dinero —dijo él—.

—Eso no tiene ningún sentido —mencioné— me quedaría sin mi automóvil antes de saber si voy a tener uno nuevo, además, para que todo eso pase tendría que lograr venderlo entre hoy y mañana.

—Pues véndelo entre hoy y mañana —contestó él—.

—Pero tendría que registrarlo en alguna plataforma de venta en internet, y no tengo las fotos.

—No creo que esa sea la única manera de venderlo —me dijo— solo que esa es la única que se te ocurre ahora. Tú misma me enseñaste que **hay muchos caminos para llegar al mismo sitio.**

Entonces se nos ocurrió ir a un supermercado y comprar pintura blanca de zapatos, con ella escribimos en el vidrio de atrás de mi auto un letrero grande que decía "SE VENDE", y mi número de teléfono móvil para cualquier contacto.

Mientras conducía de regreso a casa, alguien vio mi aviso

ambulante y me llamó para comprarme el auto. Le dije que se lo vendería, pero que tenía que esperarme al menos una semana hasta que yo recibiera el nuevo.

Me inventé ese plazo sin tener ningún indicio de que, en efecto, podría recibirlo en ese período de tiempo. Cualquiera hubiese pensado que estaba trastornada al pedirle una semana de tiempo cuando en realidad tendría que pedirle dos años, o la eternidad.

Sin embargo, sucedió. Algún poder superior hizo que justo una semana después me llamaran de un concesionario para ofrecerme un auto nuevo. Lamentablemente la persona interesada en comprar el mío había desistido de la compra, pero apareció otra. A este nuevo comprador pude decirle la verdad: que ya tenía asignado un automóvil nuevo, pero que aún no me lo habían entregado; que venía en barco y había que esperar de una a dos semanas por él. No solo aceptó esperar, si no que accedió a pagármelo por adelantado, para asegurarse de que no se lo vendería a nadie más.

Pero la parte de esta historia que realmente resultó sorprendente para mí apenas comienza:

Aunque había ocurrido el milagro y había conseguido un auto nuevo, que ya era bastante increíble, todavía no lo tenía en mis manos, y tanto mi comprador como yo, queríamos nuestro automóvil antes que llegara Navidad.

Los días del mes de diciembre pasaban y nadie me llamaba para entregarme el auto. Así llegó el 21 de diciembre, 04:00 de la tarde, día y hora en que todos los empleados de los concesionarios se irían de vacaciones hasta el año siguiente, y yo seguía sin mi auto. Ya casi empezaba a entrar en el bucle de la desesperanza, pues solo me quedaban unas cuatro horas antes que todos se fuesen a descansar.

Mientras tanto, en mi empresa había una comida navideña y estaban sorteando algunos premios. Había casi tantas cosas para rifar como empleados había en la sala, sin embargo, y como siempre me pasaba con todo lo que era gratis, a mí nunca me tocaba nada. Recordemos que yo había estado condicionada por años a que todo se ganaba con esfuerzo.

Influenciada ante la posibilidad de no recibir el automóvil aquel día, sentí como si la persona desesperanzada que solía ser antes estuviese volviendo a mí otra vez, pero inmediatamente puse un "freno" a mis pensamientos para recordarme a mí misma que la persona que era ahora atraía las cosas con facilidad.

Entonces, se me ocurrió que ganarme un premio de aquel sorteo era una buena oportunidad para demostrarme que las cosas eran más fáciles de como yo las veía y, al igual que la historia del trébol donde estiré la mano y agarré sin mirar, decidí que quería ganar una de aquellas rifas por primera vez en mi vida. Y también quería mi automóvil nuevo aquel día, ¡y al carajo la lógica! Sin embargo, cuando salí de mi ensimismamiento ya se habían acabado las rifas. No me importó. ¡Yo había decidido que quería ganarme un premio! Allí estaba de nuevo, siendo una absoluta **irracional**, una vez más pensando que podía **ser la excepción**.

Cuando la chica que hacía el sorteo se despedía, miró al suelo y se dio cuenta que se le había caído un turrón para sortear. A mí ni siquiera me gusta el turrón, pero yo no había sido específica en cuanto a lo que quería ganar, ni tampoco era importante para lo que quería probar. Yo solo había pedido ganar algo, y la función de ganarme aquel turrón era únicamente mantener mi fe en alto. De pronto, escuché decir mi nombre y sí, por insólito que parezca, el milagro ocurrió una vez más. ¡Me había ganado el turrón! Recuperada mi capacidad de creer, en ese momento supe que ese día tendría el automóvil también.

Aun así, llegó la hora en la que cerraba el concesionario y nadie me había llamado. No me sentí mal, supe que había hecho todo lo que estaba a mi alcance para tenerlo ese día, y si no había sucedido simplemente había que aceptarlo. Decidí entregar aquello a un poder superior y me quedé un tiempo extra en la oficina arreglando unas cosas más antes de irme de vacaciones.

De pronto, a las ocho de la noche sonó el teléfono de mi escritorio, era la chica del concesionario preguntando por mí. Me explicó que por ser el último día del año estaban trabajando tiempo extra y que, si lo deseaba, podía ir a esa hora a buscar mi auto, o también podía dejarlo para enero. Por supuesto, me levanté como un rayo y fui a buscarlo.

Pero esto no acaba aquí, una última sorpresa me esperaba. Cuando llegué a recoger el automóvil, no era azul, ¡era naranja! Había estado tan concentrada en tener un auto nuevo, que olvidé, como parte de las acciones y visualizaciones que hubiesen hecho que mi deseo se hubiese cumplido al detalle, especificar el color a la vendedora. De igual forma, aquel automóvil naranja fue perfecto por todo lo que representó en mi vida.

Verlo a diario me recordaba que no importa cuántas piedras existiesen en el camino, **cuando el objetivo está claro y la vibración alta, todo es posible.** En contra de todo pronóstico, aquella noche llegué con mi nuevo auto a la fiesta del "Espíritu de la Navidad", y pocos meses después me compré el azul también.

Todo fue posible gracias a una secuencia de situaciones completamente ilógicas movidas **por dos hilos conductores: la fe y la irracionalidad.**

Estoy segura de que si esto mismo me hubiese sucedido unos años atrás, no hubiese pasado de hacer aquello que parecía lógico, es decir, esperar a que se reestableciera la venta de automóviles en el país y luego ir a un concesionario a comprarlo. En este caso, no me lo habría comprado aún, porque la venta en los concesionarios nunca más se reestableció hasta el día de hoy.

A veces, el entorno intenta convencernos de que hay que "aguantar" cosas que no queremos en nuestro presente, para tener las que realmente deseamos en nuestro futuro: "Este trabajo mientras tanto, esta casa mientras tanto, este auto mientras tanto, o esta pareja mientras tanto". **La vida también se va mientras tanto.**

Lo que realmente necesitas es confiar de manera sostenida en que las cosas van a suceder y avanzar. No necesitas ver todo el recorrido, solo la parte que te ayudará a salir de donde estás, luego ya verás el resto.

Haz un mapa

El cerebro normaliza lo que ve.

Para que cambien las cosas tienes que comenzar a verlas como quieres que sean, no como realmente son.

Entre las herramientas que voy a mencionar aquí, me atrevería a decir que el mapa visual de objetivos es la más conocida, y también la más mágica de todas. Te ayuda a tener un norte claro y a mantenerlo para que tu radar interior sepa qué rastrear en el día a día.

En mi caso fue un recurso fundamental para los objetivos que más necesitaba alcanzar en el corto plazo, aunque también funcionó y sigue funcionando para el largo plazo.

Consiste, básicamente, en tomar un pliego de papel y dividirlo en varias secciones, recomiendo que sean máximo seis. Las mismas que identificaste en la parte del diagnóstico inicial en tu gráfico de columnas. Luego coloca en cada una de esas secciones una imagen que te recuerde a diario el objetivo más importante que tengas en esa área de tu vida.

Debes elegir estas imágenes con mucho cuidado, pues estamos hablando de las cosas que quieres lograr para ti. Por ejemplo, en el caso de que estas fotografías o dibujos incluyan personas, es muy importante que sus expresiones te transmitan las emociones adecuadas. Digamos que, si vas a colocar a alguien que represente a tu futura pareja, tus futuros hijos o amigos, sus imágenes referenciales deben transmitirte esas virtudes que esperas conseguir en ellos.

Estas fotos deben ser a color, inspiradoras y capaces de ayudarte a conectar con el momento, persona o lugar donde quieres estar. Puedes recortarlas de revistas, tomarlas de internet o dibujarlas si lo prefieres, luego colocarlas en el pliego de papel. El resultado final lo pondrás en un lugar donde puedas verlo a diario varias veces.

Si es posible, haz uno de esos mapas para tenerlo en casa y otro para tenerlo en tu lugar de trabajo. Este último puede ser una versión resumida del primero para que no ocupe tanto espacio, lo importante es que logres tener un recordatorio continuo de las cosas principales que deseas obtener.

Debe ser limpio y minimalista para que tu cerebro no haga que esquives la mirada, recuerda que a él le gusta la simplicidad. No uses fotos difíciles de entender ni amontones imágenes. No olvides incluir las fechas de cumplimiento asociadas a cada meta. Por otra parte, procura tener algunos objetivos a ser cumplidos en cortos plazos, no pongas solo lo que quieres obtener a largo plazo, pues al cerebro le gustan las recompensas rápidas, y esa sensación de logro te hará ir con más fuerza por aquello que tardará un poco más en llegar.

El mapa de objetivos es una de las herramientas más poderosas que existen para la reprogramación mental. En mi caso, he hecho varios, uno cada dos años aproximadamente, y debo decirte que he tenido momentos realmente mágicos y conmovedores usando esta ayuda. Por ejemplo, recuerdo en una oportunidad que estaba sentada en la cama repasándolo, después de mucho tiempo sin fijarme conscientemente en él, observaba una foto que había puesto hacía un par de años, y era una madre con un bebé que la abrazaba por detrás, me representaba a mí con el hijo que deseaba tener algún día.

De pronto, sentí cómo unos bracitos pequeñitos y cálidos rodeaban mi cuello abrazándome con fuerza desde atrás, era mi hijo de un año que se había subido a la cama y me había sorprendido representando exactamente aquella misma imagen. De inmediato se me salieron las lágrimas de la emoción, pues no había caído en cuenta de lo parecida que era mi vida a aquella foto que una vez elegí.

Esta situación la he experimentado de manera parecida con muchos otros objetivos, sin embargo, debo confesar que algunas veces las cosas se han tardado un poco más en materializarse de lo que había esperado, especialmente cuando he tenido la energía muy baja por no poder dormir bien durante las noches, como me sucedió cuando nacieron mis dos hijos.

En esos momentos he tenido la tentación de arrancar el mapa de la pared para que no me recuerde lo que aún no he podido conseguir. Por fortuna nunca lo he hecho, y eso me ha servido para saber que lo que se coloca allí, tarde o temprano, termina sucediendo, aunque no siempre sea dentro de las fechas deseadas.

Es sencillo, a veces simplemente no estamos manejando el nivel de energía adecuado y debemos hacer lo necesario para subirlo. Adicionalmente, algunas cosas nos cuesta integrarlas más que otras como parte de nuestra realidad, debido a las creencias que tenemos con respecto a ellas. Puede que algo que creemos que es fácil nos lleve menos tiempo alcanzarlo que algo que asumimos como difícil, esto se debe a que cuando pensamos en lo que nos parece fácil sentimos más emoción, y nuestros circuitos neuronales se fortalecen más rápido.

Visualización creativa

Tu cerebro no diferencia la realidad de los pensamientos con altas cargas de emoción.

Luego de que tengas el mapa, dedica unos minutos antes de levantarte, y otros antes de acostarte, para visualizar en tu mente cada una de esas cosas que deseas tener.

En esos momentos hay una parte de tu cerebro que duerme (la parte racional), pero hay otra que siempre permanece activa. Así que debes aprovechar que la parte cuestionadora descansa, para convencer a tu parte soñadora de que te estás convirtiendo en la persona que quieres ser.

Teniendo el mapa y haciendo visualizaciones diarias con un pensamiento en presente y usando un diálogo interior positivo, **te sorprenderás cuando tus objetivos se materialicen sin ni siquiera darte cuenta**. La explicación a esto es que tu cerebro lleva tanto tiempo integrando esa fantasía como una realidad, que cuando de verdad sucede, para él no hay novedad.

En mi caso, no es la primera vez que, luego de insistir en un objetivo del mapa sin lograrlo, decido dejarlo "descansar", y en el descanso se cumple el objetivo. Ahora compartiré contigo una historia de las mejores cosas que me ha pasado usando la visualización.

En esta historia quiero demostrarte que cuando visualizamos algo con mucha fuerza y constancia, podemos atraer objetivos de cualquier tamaño a nuestra vida, incluso algo que cuesta millones de dólares.

El mapamundi

Hace unos años, me encontraba trabajando en una empresa del sector de consumo masivo, o gran consumo, y con mucha constancia habíamos logrado pasar de ser una pequeña compañía familiar a ser la primera del país en su sector.

Había sido un logro lleno de muchos retos, pues para aquel momento nos encontrábamos compitiendo en uno de los tres mercados más grandes del mundo, y en esos mercados siempre están las empresas más fuertes a nivel mundial también.

Durante aquel tiempo, era yo quien dirigía el departamento estratégico de la empresa y, entre todas las cosas que se me pasaban por la cabeza, pensé que si habíamos podido lograr la conquista del mercado nacional ¿por qué no íbamos a poder conquistar mercados internacionales también?

Si me hubiese ido por el camino lógico, aquella idea hubiese quedado descartada cinco minutos después de que se me ocurrió, pues lo lógico era pensar en la exportación, pero los costos de producción no nos permitían obtener un producto competitivo para poder distribuir en el mundo entero.

Como ya sabía que pensar en los caminos lógicos me quitaba poder (y no harían más que arrojarme una extensa lista de razones para no hacerlo) decidí usar lo aprendido y centrarme en el QUÉ y no en el CÓMO. Lo **que** yo quería era que aquella empresa no solo comercializara sus productos en el exterior, sino que también tuviese una sede con planta de producción en otro país, lo que me faltaba era descubrir el **cómo**.

Lo primero que hice fue hablarlo con mi jefe, a él le pareció una visión muy bonita pero absolutamente improcedente. Mi segundo paso fue contarle mi idea a uno de los dueños, que me dijo que aquello no era posible.

Sin contar con el apoyo de mis supervisores, decidí buscar un camino menos lógico; en este caso me refiero al apoyo de mis colaboradores inmediatos, las personas que me reportaban directamente. Una vez leí una frase de Oprah que decía que parte de su éxito era **rodearse de gente que en vez de preguntarse "¿por qué?", se preguntase "¿por qué no?"**. Yo tenía esta gente, la había reclutado yo misma.

Los reuní y les conté mi visión, dejando claro desde el principio que ningún superior me apoyaba en aquello, aun así, los invité a acompañarme y a trabajar en ese proyecto como algo igual de importante que cualquier otro objetivo de nuestro día a día. Les dije que no había ninguna garantía de que nos aprobasen semejante idea, pero que menos garantía habría si no hacíamos nada, que lo tomásemos como un juego a ver qué pasaba.

Descargué un mapamundi de internet y lo puse en mi cartelera, luego marqué con un resaltador amarillo los países en donde nuestros productos se distribuirían en dos años desde aquel día. Lo miraba a diario, y respondía las preguntas de todo el que entraba a mi oficina preguntando qué significaba aquel mapamundi allí, siendo nosotros una empresa nacional.

Yo le contaba el proyecto a todos los que el protocolo de confidencialidad me permitía, intentando ganar seguidores que apoyaran mi idea, pero ninguno lo veía como una posibilidad. A unos les daba tristeza y a otros risa, pero nadie apostaba ni un centavo a que aquello sucediera. Honestamente, no me sorprendía, ni tampoco me preocupaba demasiado, pues ya tenía de mi lado a los que tenía que tener: a mi equipo. Ellos no contaban con la jerarquía ni el poder de decisión, pero tenían la misma energía y la capacidad de creer que tenía yo.

Empezamos a establecer reuniones periódicas de seguimiento del proyecto cada viernes al final de la tarde. Entonces le pedí a mi jefe que, aún sin ver viable la idea, nos acompañase en aquella locura, que entrara en las reuniones al menos como oyente, solo por diversión. Él no solo accedió, sino que le fue inevitable empezar a emitir opiniones y participar activamente en cada reunión. Su apoyo nos empoderaba y nos hacía entrar cada vez con más fuerza en aquella realidad distorsionada que nos hacía sentir que estábamos trabajando en un proyecto real.

Invertíamos tiempo y energía en algo que no sabíamos si se materializaría algún día, aun así, lo hacíamos con mucha ilusión. Nuestra energía y frecuencia vibratoria era alta. Este era un proyecto que nos hacía felices a todos, cada una de las 15 personas involucradas vibraba con la idea de convertirnos en una trasnacional.

Cada participante analizaba un grupo de países y hacía todos sus deberes durante la semana para determinar cuál era el mejor lugar para construir nuestra nueva planta de producción. Hasta que un día llegamos a una conclusión importante: ya habíamos determinado cual era el país con las mejores condiciones; teníamos toda la información y la emoción para comenzar a producir allí. Pero había algo que no podíamos dejar de lado, seguíamos sin el apoyo de la junta directiva, y los dueños seguían sin ningún interés en el tema, de hecho, probablemente ni siquiera sabían que trabajábamos en aquel proyecto. Así que tuvimos que parar el "juego" y dejar todo guardado en carpetas.

Aunque parecía que no habíamos conseguido nada luego de tantos meses de trabajo, estábamos felices de haber aprendido cosas del comercio internacional que luego nos habrían servido a todos para emigrar cuando las condiciones del país empeoraron.

Cuando haces algo que te gusta nunca es tiempo perdido. El día que menos te lo imagines, lo usarás para lograr algo más grande.

Durante algunos meses no pasó nada y nos olvidamos de aquel proyecto. Sin embargo, un día, estando en un viaje de vacaciones, me llamó la persona al mando de la empresa para contarme que tanto a él, como a un miembro de su familia, los habían intentado secuestrar y por eso habían decidido emigrar. También me dijo que, ahora que estaría fuera del país, sería un buen momento para comenzar nuestra expansión en el exterior. Acto seguido, me preguntó si aún conservaba los archivos relacionados con el proyecto de internacionalización.

En aquel momento me quedé pasmada y llorando en silencio mientras él hablaba. Primero lloré de tristeza pensando en todo lo que había tenido que vivir con su familia, aunque por fortuna estaban todos bien. Unos segundos más tarde lloré de emoción porque mi sueño y el de mi equipo estaba a punto de convertirse en realidad. Nunca supe cómo iba a pasar, pero sabía que pasaría. Todas nuestras horas de trabajo invertidas en aquel objetivo que parecía imposible habían cobrado sentido.

Para resumir la historia, los millones de dólares que hicieron falta para construir aquella nueva sede fueron solicitados a inversionistas, y el objetivo se logró. Esta empresa se encuentra hoy situada en Estados Unidos, en el Estado de la Florida, y algunas de las personas de aquel equipo pudieron emigrar en uno de los peores momentos de la historia de Venezuela, gracias a un proyecto que comenzó como un juego con el que nos entreteníamos cada viernes al final de la tarde, y gracias al mapamundi pintado de amarillo que estaba pegado en mi cartelera.

El calendario de las "x"

Gestiona tu energía.

Otra de las herramientas que te será de ayuda en tu reprogramación mental y consecución de objetivos es **el calendario de las "X"**, algo que ideé un día para no perder el control sobre el seguimiento de todos mis nuevos objetivos de vida.

Esto puedes hacerlo a mano, o en cualquier programa que te permita hacer un cuadro de tareas.

En una columna vas a colocar aproximadamente unas 6 tareas que debas ejecutar diaria o semanalmente para conseguir tus metas y, en la fila superior de ese mismo cuadro, vas a escribir todos los días del mes, tal como se muestra en el gráfico que viene a continuación. En esa lista de tareas **no** vas a colocar todos tus objetivos, solo vas a poner acciones diarias que te conduzcan a esos objetivos.

Por ejemplo, supongamos que lo que quieres es reducir un par de tallas para lucir tu traje nuevo en la boda que tendrás dentro de 4 meses. Lo que vas a poner en el cuadro son una o dos acciones diarias que te conducirán a ese objetivo, por ejemplo: comer alimentos no procesados y hacer ejercicio.

Posteriormente, y a medida que pasen los días, vas a ir marcando con una "X" la realización de esa tarea, debes hacerlo con la mayor honestidad posible en cada día que la hayas llevado a cabo. Con esto quiero decir que, por ejemplo, si un día hiciste ejercicio sin completar la rutina, ese día no cuenta; solo contarán los días donde hayas hecho una rutina que de verdad te haga sentir que está contribuyendo a quemar calorías.

Este cuadro es una herramienta muy poderosa para conseguir las cosas que quieres para tu vida en tiempo récord. Una de sus funciones más importantes es evitar esa frustración que sentimos a veces al creer que estamos haciendo grandes sacrificios por lograr algo que no termina de materializarse, cuando en realidad estamos haciendo muy poco o casi nada.

Pasa mucho con las dietas. A veces comenzamos una y no obtenemos resultados, entonces empezamos a romper las reglas una vez al día y luego dos y, aunque seguimos comiendo bien en alguna de las otras comidas, la sensación de sacrificio no se equipara a los resultados. Llegamos al momento donde solo tenemos la amarga impresión de que hemos pasado meses a dieta sin lograr el objetivo de reducir peso.

Si hubiésemos hecho este calendario de las "X", y hubiésemos marcado únicamente los días que de verdad hemos hecho el régimen debidamente, nos daríamos cuenta que solo hemos pasado meses creyendo que hacíamos dieta, pero sin hacerla bien. En ese momento entenderíamos por qué no hemos conseguido el objetivo de bajar de peso. El peligro de seguir con una sensación de esfuerzo, sin comprobar que de verdad no nos estamos esforzando, es que creemos genuinamente que ya lo hemos intentado y que no hemos sido capaces de lograrlo, entonces un día nos preguntaremos: ¿para qué intentarlo de nuevo? Y finalmente terminaremos por ahí diciendo cosas como: "Yo nunca hago dieta porque ya lo he intentado tres veces y no sirven para nada."

Este cuadro te ayudará a entender qué tan reales y constantes han sido tus acciones por lograr tus objetivos, no solo tus intenciones.

Cuando te des cuenta de que, en realidad, no has insistido tanto como tu cerebro te quiere hacer creer, entenderás que tienes otra oportunidad para hacerlo mejor, y la sensación de frustración desaparecerá.

Enero

	1	2	3	4	5	6	7	8	9	10	11	12	13	14	15	16	17	18	19	20	21	22	23	24	25	26	27	28	29	30	31
COMER SALUDABLE									x	x	x	x	x	x				x	x	x			x	x				x	x	x	x
EJERCICIO										x	x	x	x	x		x	x	x	x	x	x	x	x	x	x	x	x	x	x	x	x
AGUA	x	x	x			x	x	x										x	x	x			x	x	x						
ESCRIBIR LIBRO	x	x	x	x		x	x	x	x		x	x	x	x	x	x	x														
BUSCAR CASA	x	x	x		x	x	x	x					x	x		x	x	x	x												
BUSCAR INF. VIAJES	x	x	x		x	x	x	x	x	x		x	x	x				x		x					x	x				x	

Febrero

	1	2	3	4	5	6	7	8	9	10	11	12	13	14	15	16	17	18	19	20	21	22	23	24	25	26	27	28
COMER SALUDABLE	x	x	x	x	x	x	x	x	x	x	x	x	x	x	x	x	x	x	x	x	x	x	x	x	x	x	x	x
EJERCICIO	x	x	x	x	x	x	x	x	x	x	x	x	x	x	x	x	x	x	x	x	x	x	x	x	x	x	x	x
AGUA	x	x	x	x	x	x	x	x	x	x	x	x	x	x	x	x	x	x	x	x	x	x	x	x	x	x	x	x
ESCRIBIR LIBRO																		x	x	x	x	x	x	x	x	x	x	x
BUSCAR CASA				x	x	x	x	x	x	x	x	x	x															
BUSCAR INF. VIAJES	x	x	x	x	x	x	x	x	x	x	x	x	x	x	x	x	x	x	x	x	x	x	x	x	x	x	x	

Marzo

	1	2	3	4	5	6	7	8	9	10	11	12	13	14	15	16	17	18	19	20	21	22	23	24	25	26	27	28	29	30	31
COMER SALUDABLE	x	x	x	x	x	x	x	x	x	x	x	x	x	x	x	x	x	x	x	x	x	x	x	x	x	x	x	x	x	x	x
EJERCICIO	x	x	x	x	x	x	x	x	x	x	x	x	x	x	x	x	x	x	x	x	x	x	x	x	x	x	x	x	x	x	x
AGUA	x	x	x	x	x	x	x	x	x	x	x	x	x	x	x	x	x	x	x	x	x	x	x	x	x	x	x	x	x	x	x
ESCRIBIR LIBRO	x	x	x	x	x	x	x	x	x	x	x	x	x	x	x	x	x	x	x	x	x	x	x	x	x	x	x	x	x	x	x
BUSCAR CASA	x	x	x	x	x	x	x	x	x	x	x	x	x	x	x	x	x	x	x	x	x	x	x	x	x	x	x	x	x	x	x
BUSCAR INF. VIAJES	x	x	x	x	x	x	x	x	x	x	x	x	x	x	x	x	x	x	x	x	x	x	x	x	x	x	x	x	x	x	x

Objetos con propósito

La energía en la materia.

———

Otra herramienta que puede ayudarte en la reprogramación activa de tus redes neuronales podría ser un objeto de esos que, al verlo o tocarlo, te recuerda algo que quieres lograr. Los objetos tienen energía, y la ciencia cada vez avanza más en determinar la forma como esa energía interactúa con la nuestra.

En mi caso, cuando estuve enferma, tenía a la vista un simple *post it* amarillo, con una carita feliz dibujada por mí, que decía: "Soy saludable". Una afirmación escrita **en presente y primera persona**.

Este tipo de herramientas con escritura a mano y con lápiz de carbón, preferiblemente, recogen toda la energía de tu intención y te ayudan a **cambiar tu diálogo interno.** Además son muy fáciles de hacer y tienen una muy alta efectividad, siempre y cuando le pongas la atención diaria que requiere.

Otro ejemplo de objetos con propósito, son aquellos que representan una parte de algo que deseas obtener en el futuro. Por ejemplo, una amiga siempre llevaba en su bolso el llavero que le pondría a la llave del auto que se quería comprar; como es de suponer, con el tiempo obtuvo ese auto.

También pueden ser objetos que contengan la energía de un sitio. En este caso, tenía otra amiga que soñaba vivir cerca de la playa y siempre tenía colgado, en su habitación, un caballito de mar hecho con arena del sur de EEUU, al poco tiempo se mudó a vivir a Miami

Beach.

Pueden ser objetos hechos por ti o comprados, y que le hagan creer a tu cerebro que ya tienes algo que sueñas poseer. Alguna vez un conocido forró un libro de su biblioteca como si fuese el suyo y, observándolo, se visualizaba como un gran escritor capaz de cambiar vidas con su mensaje, al poco tiempo sacó su primer libro al mercado y fue todo un éxito.

Es muy importante aclarar que **un objeto con propósito es muy distinto a un amuleto.** El primero te ayuda a recordar tu objetivo elevando tu energía, en cambio, el amuleto te quita el poder a ti, y te hace creer que lo tiene el objeto. **La superstición es la herramienta de quienes sienten que no tienen opciones**, y piensan que hay algo más fuerte que ellos mismos que es capaz de "resolverles" ciertas situaciones.

Para explicar lo peligrosa que puede resultar la superstición, y la forma como puede arrebatarte poder, te pondré el siguiente ejemplo: Imagina que alguien te da un amuleto para que tengas suerte en una presentación o una competición, de pronto, te das cuenta que tu amuleto se extravía justamente en el momento antes de presentarte o comenzar la competencia. Lo más seguro es que tu energía se vea afectada y, en consecuencia, tus resultados también. ¿Acaso tener el amuleto te hace ser una persona más preparada o menos preparada para ese evento? La respuesta es: NO.

Debes creer en ti y jamás delegar tu poder a nada ni nadie, mucho menos a un objeto.

"Un pájaro posado en un árbol nunca tiene miedo de que la rama se rompa, porque su confianza no está en la rama sino en sus propias alas" (Anónimo).

El mono rosa

Lo más importante de los objetos con propósito es que te **produzcan emoción,** y aunque tengo muchas anécdotas con objetos que me ayudaron a cumplir objetivos, te voy a contar la que tiene un significado más especial para mí.

Cuando mi primera hija, Sofía, era una bebé, le regalaron un mono de color rosa precioso, un overol. Sin embargo, la estación del año más apropiada para usarlo y el tamaño de su cuerpo nunca coincidieron, así que jamás pudo estrenarlo. Entonces, lo guardé por si algún día volvía a ser mamá, lo cual era uno de mis sueños.

Pasado el tiempo, las circunstancias se fueron torciendo en varios aspectos relacionados con este objetivo. El médico me recomendaba no tener más hijos, y además, había otras situaciones que oscurecían el panorama y mostraban bastante difícil la posibilidad de ser madre nuevamente.

Un día, haciendo una maleta para irme de viaje, me encontré con el mono rosa. En vista de que ya no sería madre de nuevo lo doblé para llevármelo en mi equipaje y regalárselo a una amiga que acababa de ser mamá, quería que alguien especial para mí lo usara.

Ya a punto de cerrar la maleta, unas ganas de llorar muy fuertes se apoderaron de mí, acababa de darme cuenta que entregando el mono entregaba mi posibilidad y mi esperanza de ser madre por segunda vez. Salí de la habitación y entré en el baño poseída por un profundo dolor; me encerré y empecé a llorar sin control, cuando de pronto, y desde lo más profundo de mí, brotó la imperante necesidad de comenzar a repetir en voz alta la siguiente frase: "no entregues tu sueño, no entregues tu sueño". Acto seguido, salí del baño, regresé a la habitación y saqué el mono de la maleta. Luego lo colgué entre la ropa de uso diario de mi hija, en un sitio donde obligatoriamente lo tendría que ver todos los días de mi vida varias veces.

Allí lo dejé, sin presionarme, sin preocuparme, sin forzar nada, simplemente sintiendo emoción e imaginando a diario que ese mono tenía una utilidad en mi vida, y por eso estaba entre las cosas que usaba constantemente.

Cumplido más o menos un mes desde aquel día, sentí en mi cuerpo una sensación extraña, pero conocida. Casi no lo podía creer, pero sí, estaba embarazada de nuevo. Cuando eché cuentas hacia atrás supe que había quedado en cinta, justamente, una semana después de haber colgado el mono en aquel sitio, luego de casi dos años de haber esperado aquel momento.

Hasta que tomé la decisión de anclarme en aquel objeto, como un recordatorio que a la vez me causaba emoción, mi enfoque no fue claro y solo tenía pensamientos racionales que me recordaban por qué ya no podría ser madre de nuevo. Pero al hacerlo, todo se alineó para que lograra mi objetivo en el primer intento, pues **mi deseo comenzó a fundamentarse en la emoción y no en la lógica.**

Una vez más, contra toda lógica médica y social, Lucas llegó a mi vida un mes de abril, a punto de cumplir los 42 años.

Un simple objeto puede ayudarte a cambiar tus pensamientos y, **si puedes cambiar tus pensamientos, puedes cambiar tu energía; si puedes cambiar tu energía, lo puedes cambiar todo.**

Audiovisuales para el éxito

Reprogramación pura y dura.

Una de las herramientas con mayor poder de reprogramación son los audios y vídeos cuyo contenido habla de esas ideas que necesitas incorporar en tu estructura de pensamiento para lograr las cosas que quieres. Solo la repetición de un pensamiento puede ayudarte a reprogramar tus redes neuronales.

Busca información audiovisual de personas que hayan logrado lo que tú deseas y escucharlas **a diario**. No importa que no hayan obtenido todo lo que tú quieres conseguir, lo que importa es que sean una referencia para ti en alguna de las áreas en las cuales quieres mejorar.

Cómprate unos auriculares y llévalos contigo a todas partes, así aprovecharás los momentos "muertos" de tu vida procesando esta información. En caso de que aún no tengas un buen plan de datos para tener audios constantemente en tu teléfono móvil, descárgalos antes o aparta unos 30 minutos de cada día para escucharlos en cualquier zona donde haya conexión inalámbrica estable.

Recuerda el experimento del Braille que vimos antes. Cuando estás en un proceso de aprendizaje, los días de descanso en el medio te atrasan, así que procura no dejar días libres y dedícale un mínimo de media hora a esta actividad cada vez que lo hagas. La reprogramación mental es como ir a un gimnasio, si quieres resultados tienes que ser constante y dedicarle un mínimo de tiempo; de lo contrario, no se podrán consolidar esas nuevas estructuras neuronales imprescindibles para cambiar tu enfoque y **volverte imparable**.

Puede darte la impresión que esto requiere demasiado tiempo de tu rutina diaria, pero es mucho menos del que se suele dedicar a otro tipo de distracciones que no nos benefician en nada como, por ejemplo: las redes sociales, ver series de televisión, etc. Además, nadie dijo que sería fácil o difícil reprogramar tu cerebro, solo estoy diciendo que **es posible**, las etiquetas del nivel de dificultad se las pondrás tú mismo dependiendo de lo emocionante que te resulte trabajar en tus metas.

Para que se te haga sencillo debes elegir audiovisuales que realmente te gusten y te inspiren, que vayan en línea con lo que deseas obtener y que te generen ilusión por la vida. Puede ser siempre el mismo, como fue mi caso cuando me enfermé y escuchaba, varias veces al día, el vídeo de la mujer que se había curado, o puede ser uno nuevo cada vez -como hago ahora que existen más opciones-.

Lo importante es que los oigas estando presente y sintiendo una emoción genuina, hacerlo de manera automatizada mientras piensas en otra cosa o llevas a cabo otra actividad no tendrá el mismo efecto. Tienes que disfrutarlos, recuerda que solo la emoción hace que la información se fije rápidamente y envíes ondas transformacionales al universo.

Con toda la información que existe hoy en día en internet, estás en la mejor época que ha existido nunca para cambiar y reinventar tu vida.

Así como hemos hablado de lo que debes ver y escuchar, también es importante hablar de lo contrario, lo que no debes ver ni escuchar. Por eso te sugiero que, para que tus audiovisuales para el éxito surtan efecto, elimines de tu vida todos los que producen resultados contrarios, recuerda que tu cerebro no diferencia entre fantasía y realidad. Haz "dieta" de medios.

Quítale el enfoque a toda aquella programación que te lleve a sentir emociones de baja frecuencia, por ejemplo, el noticiero. Si bien estar informado es importante, el bombardear a tu sistema con noticias que te generan estrés y ansiedad no es saludable para ti. Elimina también películas de terror, violentas o tristes, documentales agresivos y todo aquello que no traiga a tu vida calma y felicidad.

De igual manera, aléjate de todo aquello que "secuestre" tu atención y el proceso de metacognición (o capacidad de observar tus propios pensamientos). En la actualidad vivimos expuestos a una cantidad de estímulos que constantemente colocan a nuestro cerebro en ese estado de "ahorro de energía" donde tanto le gusta estar (RRSS, series y películas a demanda, la interacción constante con el teléfono móvil, etc). Esto nos aleja de nuestro proceso de reprogramación mental, de nuestro centro y, en consecuencia, de nuestros objetivos. Aprende a administrar el tiempo y la energía que le entregas.

Calendario de la felicidad

La alegría convertida en hábito.

El calendario de la felicidad no es más que un cuadro con todos los días del mes donde, semanalmente, te "obligas" agendar y tener un evento de cualquier tipo que suba tu energía, y mantenga la bioquímica de tu cuerpo en condiciones favorables para tu reprogramación mental.

Puede que suene exagerado -y hasta forzado- hacer cosas de este tipo, pero NADA es exagerado si de lograr lo que quieres se trata. En mi caso, si algo tuve claro, especialmente los tres últimos meses de mi enfermedad, era que tenía que mantener mi vibración alta, por eso desarrollé herramientas de reprogramación mental de este estilo.

Estos eventos semanales podían ser cosas como ir a una fiesta, ir al cine con alguien, irme de vacaciones, hacer una visita, etc. En las semanas donde no tenía nada programado, entonces lo creaba, invitaba a algunos amigos a casa, iba a la playa o asistía a eventos. Incluso llegué a abrirme un perfil en una aplicación en internet que me ayudaba a conocer gente nueva constantemente, pues no siempre tenía amigos disponibles con los cuales hacer cosas cada semana.

Si bien el objetivo de mi calendario de la felicidad era tener un evento semanal como mínimo, normalmente me enfocaba en tener más de uno y esto era algo que me mantenía vibrando alto. Con el tiempo dejé de necesitar el calendario porque se volvió natural en mí salir con mucha frecuencia a divertirme.

Tal vez estás pensando que no necesitas este calendario en tu vida, y puede que tengas razón, todo depende de la cantidad de **encuentros sociales y divertidos** que tengas al mes y de lo feliz que te sientas en ellos. Pero yo te sugiero que procures tener al menos cuatro, sin contar las reuniones de trabajo, pues necesitas espacio para conversar y expresarte sin estructuras que seguir o puntos a cubrir.

En caso de que no puedas tener encuentros en persona, por las razones que sea, procura tener encuentros virtuales con videocámara encendida. Así se activarán de la forma más natural posible los mismos receptores que se ponen en marcha durante cada interacción social en vivo.

Aunque no todas las actividades felices de este calendario deben estar obligatoriamente centradas en reunirte con otras personas, estas son de las más aconsejables para elevar tu frecuencia vibratoria. La ciencia ha demostrado que las relaciones con otros son fundamentales para prevenir ciertas enfermedades, para desarrollar la memoria, la autoestima y la creatividad, ya que nos ayudan a liberar grandes dosis de los neurotransmisores que contribuyen a nuestro bienestar.

Así como el cerebro asocia el rechazo de nuestro clan o "manada" a la muerte, de igual manera asocia la inclusión social a la vida y a la prosperidad. El hecho de tener una vida social activa es fundamental para su buen funcionamiento, y esto cobra importancia en procesos de cambio donde estamos siendo víctimas de emociones negativas, como pueden ser el miedo por estar sufriendo de alguna enfermedad, o una pérdida de cualquier tipo, ya sea de pareja, empleo, etc.

Necesitas relacionarte con gente para activar con más fuerza la creación de nuevas redes neuronales, el hecho de hablar con otros, obliga a tu cerebro a utilizar partes que no usarías en una vida en solitario. Te invito a que hagas tu primer calendario de la felicidad hoy, aquí te dejo un ejemplo de cómo puedes construirlo y marcar los eventos que te harán subir la energía.

Domingo	Lunes	Martes	Miércoles	Jueves	Viernes	Sábado
	1 ☺ STAND UP COMEDY CON ALICIA	2	3	4	5 ☺ CENA EN CASA DE JORGE	6
7	8	9 ☺ CINE CON LUIS Y LARA	10	11	12	13 ☺ BABY SHOWER DE DANIELA
14 ☺ MI CUMPLEAÑOS	15	16	17 ☺ CHARLA DE EPIGENETICA CON DAVID	18	19 ☺ NOCHE DE AMIGAS EN CASA	20
21 ☺ TARDE DE PSICINA CON ANA	22	23	24	25	26 ☺ OPEN HOUSE EN CASA DE CARLOS	27
28 ☺ FIRMA LIBRO	29	30				

Sonríe

Confunde a tu cerebro.

La reprogramación mental trata de química, biología y electricidad. Cada vez que piensas, dices, escuchas, hueles, sientes o ves algo, se genera un proceso electroquímico en tu organismo, que produce cambios en todo tu cuerpo.

Por ejemplo, cuando te sometes a un estímulo, como podría ser el observar la foto de la casa que te quieres comprar, se produce una respuesta biológica en tu organismo, y esa respuesta podría acercarte a la consecución de tu objetivo (en este caso el de obtener la casa), o podría no tener ningún efecto sobre ti.

Observar esa foto te acercará a esa casa si te encuentras vibrando en emociones de alta frecuencia, o te dejará en el mismo punto donde te encuentras si estas vibrando en emociones de baja frecuencia como podrían ser la tristeza, la frustración o la rabia.

Te pondré un ejemplo mucho más visual. Imagina que deseas pintar una pared impregnada en aceite. Es posible que, aunque tengas una muy buena pintura, esta no logre adherirse satisfactoriamente a la pared si no la dejas libre de aceite antes. Lo mismo pasa con el cerebro y los estímulos que nos ayudan a mantener el enfoque en la consecución de objetivos. Es posible que tengas en tu mapa la foto de la casa más bonita del mundo, pero si tu cerebro no está bien condicionado para recibir y retener este estímulo, probablemente no llegarás a tener la casa.

Al igual que la pared necesita ciertas condiciones para que la pintura se adhiera, tu cerebro necesita ciertas condiciones para que los estímulos se "adhieran" también.

Estas condiciones se crean generando una bioquímica que te ayude a mantener emoción y enfoque con respecto a tus objetivos, y esto se logra con algo a lo que yo he llamado **herramientas actitudinales de reprogramación mental**, y la estrella número uno de todas estas herramientas es: **la sonrisa**.

Repasemos esto:

1. Para que la sinapsis de tu cerebro sustituya los circuitos neuronales antiguos por circuitos nuevos que te ayuden en la consecución de tus objetivos, debes someterte a un trabajo diario de observación de estímulos inspiradores, teniendo visualizaciones creativas que logren mantener tu enfoque en aquellas cosas, o circunstancias, a las cuales deseas acceder.
2. Para que tu cerebro fije estos estímulos como parte de su nueva realidad, tiene que haber ciertas sustancias químicas que apoyen el proceso, así como la pared necesita ciertas características físicas para que se fije la pintura.
3. Para que existan esas sustancias químicas, tenemos que desarrollar conductas que nos ayuden a tener emociones de alta frecuencia o, por lo menos, a simularlas.
4. En vista de que no siempre estamos felices, tenemos que crear un sistema que nos brinde soporte diario, independiente del estado de ánimo con el cual nos levantemos de la cama. Esto es debido a que no podemos permitir que el proceso de nuestra reprogramación mental se lleve a cabo solo los días en los cuales nos sentimos bien pues, de esa manera, nunca avanzaríamos.

Sonreír libera la bioquímica que necesitas para convertirte en alguien nuevo, sobre todo si quieres que este cambio suceda con rapidez. Como hemos dicho, cuando te diviertes, la posibilidad de que la información se fije en tu cerebro es significativamente más alta que cuando lo estás pasando mal.

Cuando somos niños nos reímos todo el tiempo, pero en la medida que nos hacemos adultos pareciera que lo vamos olvidando. Si no me crees, dedica unos minutos de tu tiempo a observar un grupo de adultos interactuando versus un grupo de niños haciendo lo mismo. Mientras un niño sonríe más de cincuenta veces al día, un adulto puede pasar días enteros sin sonreír.

La sonrisa posee propiedades milagrosas que en muchos casos desconocemos. Yo utilicé este recurso a diario durante mi proceso curativo, y aunque fue uno de los hábitos que más me costó desarrollar, también fue uno de los más efectivos, de hecho, lo pondría en mi TOP 3 de las herramientas más valiosas en mi proceso de curarme de cáncer.

Al principio fue muy difícil, ya que como dije, me enseñaron que tenía que ser seria para transmitir respeto. De hecho, diría que de todas las cosas que tuve que cambiar en mí, esta fue una de las que más me costó.

Para desarrollar el hábito de sonreír, comencé a ver películas y series de comedia en casa y también iba al cine, de vez en cuando. Pero, la verdad, es que nada me daba risa. Por ejemplo, cuando iba al cine y toda la gente se reía en una escena, yo no podía dejar de pensar en por qué les daba tanta risa algo que a mí no me hacía ninguna gracia. Sentía que en realidad no les podía dar risa aquello y que simplemente se reían porque los demás lo hacían, y yo no quería reírme porque se rieran los demás, quería cosas que de verdad me dieran risa.

No podía cambiar mi sentido del humor de la noche a la mañana y obligarme a que me hicieran gracia cosas que nunca antes lo habían logrado, pero sí podía obligarme a sonreír sin ganas. Entonces empecé a buscar información para ver si eso me ayudaría de la misma manera que sonreír genuinamente, y me sorprendió descubrir que, en cierto grado, esto también funcionaba.

Cuando sonreímos, movemos una gran cantidad de músculos que, al activarse, mandan un mensaje al cerebro indicando que todo está bien, entonces la química comienza a actuar.

Liberamos endorfinas, que son neurotransmisores que funcionan como analgésicos naturales que ayudan a aliviar el dolor y reducir los niveles de cortisol, mejor conocida como la hormona del estrés. También liberamos serotonina, otro neurotransmisor que mejora nuestro estado de ánimo, disminuye la presión arterial y, en consecuencia, hace que experimentemos mayor bienestar. La sonrisa fortalece el sistema inmune y, por tanto, las defensas, reduce el colesterol en la sangre y ayuda en la digestión entre muchos otros beneficios.

Luego de entender esto, me puse la tarea de reírme varias veces al día, aunque fuese sin ganas. Pegaba papelitos por las paredes y dentro del automóvil para acordarme de sonreír cada vez que los viera. Seguía viendo programación de comedia, y practicaba riéndome cuando ponían las risas grabadas de fondo. Entonces, algo mágico terminó pasando, de tanto practicar mi sonrisa, esta se fue volviendo real y comenzaban a darme risa cosas que antes no tenían ni un poco de gracia para mí. Estaba jugando a confundir a mi cerebro, y él se estaba creyendo que mi "felicidad" era real.

Aun así, en muchas oportunidades no solo no tenía ganas de reír, sino que me sentía, incluso, triste y apagada. Entonces comenzaba a tener los síntomas comunes de enfermedades que nos dan cuando estamos con la frecuencia baja, por ejemplo, la gripe o el catarro, y con eso venían las ganas de llorar. Así que, justo cuando iba a comenzar a llorar, recordaba todo lo que había estudiado acerca de la sonrisa y a veces, ya con alguna lágrima fuera, comenzaba a sonreír de manera forzada.

Muchas veces me pasaba conduciendo o estando sola en mi oficina, y sin hacer caso de quienes me rodeaban, comenzaba a sonreír sin razón, y ¡los efectos eran inmediatos! La sonrisa funcionaba como esas pastillas que evitan los infartos o los brotes alérgicos. Tan pronto sonreía, notaba que se me hacía imposible seguir llorando, y que todos los síntomas asociados al malestar se paralizaban de manera radical.

Otras veces no tenía la fuerza para hacer esto en el momento que comenzaba a sentirme mal y me dejaba enfermar. Luego de algunos días sintiendo malestar, recapacitaba y sacaba fuerzas para comenzar de nuevo mis ejercicios de sonreír. Debo decir que la rapidez con la cual me curaba era considerablemente mayor a la de las veces cuando no sonreía y dejaba a la enfermedad evolucionar.

Sé que no se siente como algo natural sonreír cuando nos sentimos mal, pero tampoco lo es tomarse una medicina o colocarse una inyección, así que te aseguro que, comparado con un medicamento, la sonrisa es mucho más saludable y económica. Úsala como un cuidado preventivo para tu salud y bienestar o como una cura cuando algo te pase.

No obstante, esto no se trata de reprimir emociones sustituyéndolas por una sonrisa, **se trata de reenfocar emociones** sustituyéndolas por una sonrisa. Y es muy importante entender la diferencia.

Reprimir emociones hace daño, es como ir en una bicicleta, ver un muro y chocar contra él. Por el contrario, reenfocarlas es como ir en una bicicleta, ver un muro y girar el volante para no chocar contra él. Si ves que una emoción de baja frecuencia se aproxima, al igual que ese muro, la mayor parte de las veces siempre podrás elegir entre "chocar" con ella, o bordearla y seguir tu camino.

Mejor que las sonrisas son las carcajadas, pues funcionan de una manera bastante parecida al deporte. Te ayudan a movilizar músculos expandiéndolos y relajándolos, a oxigenar las células y ejercitar los pulmones, además de hacerte ver más joven y alargar tu vida.

Sonreír condiciona a tu cerebro para encontrar soluciones de una manera más fácil, ayudando a mejorar la creatividad, a proyectar una autoestima más alta y a seducir. Socialmente hablando, también tiene un gran impacto positivo, hace que te veas más seguro o segura de ti, más exitoso y más accesible, por lo cual atraerás más personas y, en consecuencia, más oportunidades. Además, harás más feliz a otros, ya que la sonrisa es contagiosa, así que serás como un repartidor ambulante de salud, bienestar, éxito y felicidad, sin darte cuenta. En definitiva, la sonrisa es un lenguaje universal que siempre lo mejora todo.

La mejor manera de desarrollar este hábito es incorporando en tu vida actividades que te hagan sonreír, apóyate en tu **calendario de las "X"** para tener un recordatorio diario de dichas actividades. Si tienes niños en casa, aprovecha su ayuda y ríete cada vez que ellos lo hagan. Yo lo practico con mis hijos siempre a pesar de que ya tengo el hábito desarrollado.

En una oportunidad, estaba en el parque con mi hija y un niño me preguntó por qué sonreía tanto, en mi mente la respuesta no apta para niños fue: "Porque una vez casi muero de tristeza", pero a él solo le respondí que no tenía razones para no hacerlo, a lo cual contestó: "Ojalá mi mamá se riera tanto como usted". Esa respuesta me hizo caer en cuenta, una vez más, que no solemos sonreír si no hay razones. **Mi sugerencia es que te inventes las razones.**

La sonrisa es un arma poderosa para tu reconfiguración neuronal, y en mi caso, no solo fue una pieza clave en el proceso de recuperación, sino que también me ayudó a tener mi cerebro en condiciones aptas para la consecución de objetivos a todo nivel.

Distorsiona tu realidad

Tu cerebro te creerá cuando insistas lo suficiente.

———

En una oportunidad, viendo un documental de Steve Jobs, escuché a un empleado de Apple decir que este les pedía constantemente cosas que no eran posibles. Al principio, ellos se resistían argumentando, desde la lógica, todas las razones por las cuales no se podía hacer lo que se les estaba solicitando. Pero con el tiempo, las visiones de Jobs se fueron materializando hasta convertirse en los productos y servicios que todos conocemos hoy.

Este empleado también decía que la razón por la cual alcanzaban sus objetivos era porque Jobs, con su estilo de liderazgo, **los inducía a vivir en una realidad distorsionada.** Les hacía ver como posibles cosas que creían que no lo eran, y es justo por situaciones como esta, que Apple es hoy en día una de las marcas más poderosas del mundo.

Una realidad distorsionada es en lo que yo convertí mi vida el día que decidí ser feliz por siempre, imaginando en mi día a día situaciones que aún no existían. Todos los pequeños o grandes logros que he compartido contigo en este libro son producto de vivir en una realidad que solo funcionaba para mí y, a veces, para mi pareja o mi equipo de trabajo.

Todos ellos, conmigo, eligieron creer en algo que no estaba ni cerca de suceder: curarme, crear una trasnacional o viajar por el mundo. Ninguna de estas cosas hubiese sido posible lograrlas sumergida en una realidad "cotidiana", que es la única que nuestro cerebro cree que existe.

Todas las realidades han sido inventadas por nosotros, pero hay una de ellas que predomina, y es la que comenzamos a inventar desde el momento en que nacemos, con la ayuda de quienes nos cuidan (esa es la que consideramos como **realidad única**). La otra nos vemos obligados a inventarla cuando vemos que la primera no nos condujo a donde queríamos llegar (es la **realidad distorsionada**), y con lo que te voy a explicar en este segmento deseo poder ayudarte e inspirarte para que puedas a acceder a ella.

Joe Dispenza, en su libro "Deja de ser tú", sugiere la construcción de un **nuevo yo** a partir de la imitación de patrones copiando a personas que admiras y a las cuales te gustaría parecerte.

Este ejercicio activa las neuronas espejo, poniendo en marcha una de las cosas que mejor sabemos hacer los seres humanos: **imitar**. La capacidad de copiar a otros es una de las razones por las cuales hemos llegado a ser la raza dominante, no tenemos que empezar e inventar todo de cero cada vez que nacemos, pues tenemos la opción de incorporar rápidamente toda la información que ya existe en el entorno. Es cuestión de repetir lo que otros hacen, desde aprender a hablar, hasta construir una nave espacial.

Cuando hablo de un **nuevo yo** o de construir una **mejor versión** de nosotros mismos, me gusta mencionar el caso de Sylvester Stallone y cómo usó este ejercicio para convertirse en la personalidad que hoy en día todos conocemos.

La historia de Sylvester

Cuenta que llegó a New York siendo un chico muy joven y muy delgado, con aspiraciones de convertirse en un actor famoso, tener un cuerpo escultural y protagonizar su propia película. Para aquel entonces iba siempre al gimnasio con su hermano, y cada vez que salía del mismo, se comportaba como si ya tuviese el cuerpo que deseaba, a pesar que seguía siendo el mismo chico delgaducho.

De tanto fingir que tenía el cuerpo perfecto y actuar en consecuencia, logró conseguir la apariencia física para la caracterización que soñaba, pero aun así nadie le dio el papel. La cicatriz en su boca, y su apariencia en general, solo le hacían atraer los papeles del "malo de la película" cuando, en realidad, quería ser el guapo y "bueno de la película".

Milton Berle dijo una vez: "**Si la oportunidad no toca tu puerta, construye una**". Y esto fue lo que hizo Stallone. En vista que nadie le daba el papel de sus sueños, decidió escribir él mismo una historia protagonizada por el personaje que deseaba interpretar.

Después de muchas negativas de financiamiento, consiguió que una productora se ofreciese a comprar el guion para que otro actor interpretara el papel, pero él se negó. Según su percepción de la realidad, él era el único y mejor actor posible para aquel personaje que había creado, así que nunca consideró la posibilidad de vender lo que había escrito, ni tampoco su sueño de convertirse en el protagonista.

Después de una larga cadena de sucesos, insistencia, enfoque y mucha resiliencia, Stallone logró convertirse en el protagonista de la película que escribió, la cual lo catapultaría a la fama. Este *film* fue uno de los más taquilleros de la historia del cine y hablo, evidentemente, de Rocky.

Como ves, todo estaba es su imaginación: el cuerpo, el personaje, el guion, el dinero y la fama. Él eligió vivir una realidad distinta y muy alejada de la persona que era originalmente, mucho antes de convertirse en el actor famoso que hoy conocemos. En su **yo paralelo**, su cuerpo, su carrera y su vida eran tan reales que, de tanto creerlo, su fantasía se fusionó con la realidad. Así lo explicó hace un tiempo en una entrevista para *The Biography Channel*.

Hazlo hasta que te lo creas

En la historia que viene a continuación, voy a compartir contigo mi primera experiencia de reinvención, y de cómo, a través de la imitación, la visualización y un propósito claro, logré convertirme en una persona que no era, hasta que lo fui.

Mi primer trabajo formal fue en el departamento de *Marketing* de "The Gillette Company" (Venezuela), allí se hizo constante una sensación que algunas veces había tenido desde que había llegado a aquel país: sentía que la rigidez y seriedad de mi forma de ser distorsionaban con el entorno.

Nunca me había sentido incómoda por ser como era, pero mi personalidad, puesta en aquel nuevo contexto laboral, me hacía ver demasiado seria, callada y reservada con mis emociones; al menos así me veía yo. Además, me vestía siempre de colores oscuros o neutros, y lo más corporativa posible. Ser así me parecía perfecto para imponer respeto en aquel mundo dominado por hombres. El resto de la gente era como la mayoría de los latinos, alegres, espontáneos y muy cercanos.

Me daba cuenta que mi manera de ser funcionaba muy bien para muchas cosas, y la de ellos para otras, ninguna estaba bien ni mal. Aun así, reconocía que para desempeñarme de una manera más fluida, tendría que adaptar mi personalidad un poco más al entorno, especialmente trabajando en *marketing,* donde el rol de las emociones es fundamental.

Adicional a todo esto, me gustaba un chico que estaba segura que ni tropezándome con él me vería, yo no existía para él. Así que decidí reinventarme y convertirme en la persona que pensaba que tenía que ser para lograr lo que quería lograr.

Comencé entonces a fijarme en ejemplos de mi entorno, a buscar personas que admiraba, y aunque no encontré a nadie que pudiese admirar en todos los aspectos de su vida, fui sacando "retazos" de las cosas que sí me gustaban de los mejores modelos a seguir que me rodeaban.

Me fijaba, por ejemplo, en cómo eran aquellos que tenían cargos como el que a mí me gustaría tener, y también me fijé cómo eran las mujeres con las que salía aquel chico que me gustaba, descubrí que todas eran muy femeninas, profesionales de éxito y poseían una simpatía desbordante, o así las veía yo desde mi perspectiva.

Con lo que me gustaba él, y las ganas que tenía de trabajar en el cargo que quería obtener, me determiné a convertirme en mi mejor versión. Así sabría si siendo quien pensaba que tenía que ser, él se sentiría atraído por mí y también sabría si aquel cambio me ayudaría a llegar más rápido a la posición que soñaba alcanzar, para allí poder usar mucho mejor mis talentos. Tenía dos motivaciones: mi trabajo y algo bastante parecido al amor.

Durante aquel proceso me pregunté si ser como alguna de esas personas a quien modelaba, atropellaría alguno de mis valores, y descarté a todas aquellas que no estaban en línea con mis principios. Fui incorporando actitudes, vocabulario, movimientos, maneras de vestirme, maneras de caminar, de maquillarme, de peinarme, etc.

Me obsesioné tanto con este objetivo que, en menos de un mes, había logrado integrar un 80% de las características que, según mi criterio y estándares de aquel momento, me convertían en la persona exacta que deseaba ser. Esto pasó tan rápido gracias a que tenía ejemplos a seguir diariamente en mi vida, en mi trabajo, en el sitio donde vivía, en la televisión, etc. Los estaba viendo cada minuto y eso me ayudaba mucho.

Si, por ejemplo, quería aprender a vestirme mejor, buscaba a alguien cuyo estilo me gustara, le observaba y me inspiraba en ella; si quería hacer presentaciones en público mejores o si quería caminar con más seguridad, hacía lo mismo. Era como la interpretación de un personaje. De esa manera me relancé al "mercado" en pocas semanas, como si de una marca nueva se tratara; me había convertido en una versión mejorada de mí misma.

Conservando mi esencia, había cambiado por dentro y por fuera, pues ningún cambio exterior hubiese servido sin un cambio interior. Aunque debo reconocer que la parte externa fue fundamental, porque la gente me veía tan diferente que, en consecuencia, me trataba radicalmente distinto. De esta forma, mi cerebro se creía que el cambio estaba convirtiéndose en una realidad y eso me animaba a seguir.

Al poco tiempo tuve el primer ascenso de mi vida, un cargo que jamás me hubiesen ofrecido con mi antigua manera de ser, y si por algún motivo me lo hubiesen ofrecido, probablemente no me hubiese sabido desempeñar en él, pues una de mis funciones principales era dar charlas motivando equipos de trabajo.

Mi relación con mis compañeros se hizo más cálida, profunda y humana. Estreché lazos con ellos que durarían por siempre, y además, gracias a esta transformación, llegó mucha gente nueva a mi vida que conectaba con aquella nueva persona en la cual me había convertido. Estaba feliz por tener en mi entorno personas más alegres y exitosas.

Y si te estás preguntando por el chico, pues sí que me puso atención, y no solo él, también muchos otros que antes no me daban ni los buenos días. Se fijó en mí en un momento en el que me sentía tan feliz con mi nuevo "yo", que casi ya no me acordaba de él. Fue una de las relaciones más importantes de mi vida y sigue siendo un gran amigo aún.

Confieso que, al principio, todo aquel cambio fue incómodo, a veces me daba miedo salir con una ropa distinta o hacer algo diferente a lo que siempre había hecho. Me preocupaba que la gente pensara que estaba fingiendo ser alguien que nunca llegaría a ser, pero los resultados que estaba obteniendo me animaban. Si alguien llegó a pensar esto que tanto me preocupaba no me di cuenta, por el contrario, mi entorno se mostró receptivo y agradado por los cambios.

Con esta experiencia entendí que **lo mejor de lograr los sueños, es esa persona en la cual te vas convirtiendo mientras vas por ellos.**

Con aquella transformación desarrollé una personalidad más apropiada para la consecución de mis objetivos. Con el tiempo fui soltando cosas con las que realmente no encajaba, hasta conseguir mi propio equilibrio y sentir mi vida en coherencia.

De las cosas que sí se quedaron conmigo puedo decir que ya no recuerdo cómo se sentía el no tenerlas, y no puedo imaginar mi vida sin ellas, sería para mi imposible volver a ser esa persona que era antes, porque mi cerebro cambió. Me convertí en una nueva mujer, capaz de atraer a mi vida ciertos logros y satisfacciones que la persona anterior no hubiese podido conseguir.

De más está decir que haber tenido esta experiencia me sirvió de entrenamiento previo para, años más adelante, reinventarme y sobrevivir al cáncer.

La persona que necesitas ser para tener la vida que quieres tener

Ejercicio.

A veces queremos encajar en sitios o vidas que, definitivamente, no nos hacen mejores personas. Pero a veces queremos encajar en sitios o vidas que sabemos que, si lo logramos, será una señal de que hemos alcanzado una mejor versión de nosotros mismos.

A continuación, quiero compartir contigo un pequeño ejercicio de reprogramación que te puede ayudar a convertirte en tu mejor versión, si eres constante en su ejecución.

Antes de empezar, recuerda algo que ya he dicho antes: **la persona que eres es perfecta en su esencia** y, por fortuna, eso nunca lo vas a perder, solo te pertenece a ti. **Es tu alma, tu espíritu, tu huella, tu superpoder y no se transforma ni se pierde, se potencia.**

Lo que pretende trabajar el siguiente ejercicio es una modificación a nivel mental, especificamente de tus creencias. El cambio que vas a ejecutar en tu mente no difiere demasiado de lo que le ha venido haciendo la sociedad desde que naciste, moldearla. La diferencia, esta vez, es que serás tú quien elija la manera como te quieres transformar, y no será la maestra de primaria, o tus padres transfiriéndote sus propias limitaciones de manera inconsciente, será como volver a nacer, pero con experiencia.

Procura hacer este ejercicio en calma y silencio, luego de una pequeña meditación, dedicando unos segundos a pensar en cada una de las siguientes cosas hasta que las tengas claramente visualizadas.

¡Comencemos con el rediseño de tu nuevo yo!

- Lo primero que vamos a hacer para que tu cerebro juegue contigo es quitarte el nombre. Sí, imagínate que desde ahora ya no tienes ese nombre.
- Ahora quítate tu nacionalidad y tu cultura.
- Elimina la religión bajo la cual creciste.
- Elimina tu oficio o profesión, lo que sea que hayas estudiado o la experiencia profesional que tengas.
- Quita ahora a tu familia, tus amigos e, incluso, imagina que tampoco perteneces a ningún sexo.

"Cuando dejo ir lo que soy, me convierto en lo que podría ser" (Lao Tzu). Visualiza que has quedado en tu esencia más pura, en aquello que, sin importar lo que pase, SIEMPRE estará bien, lo que nunca va a necesitar cambios porque es PERFECTO tal y como está.

En este momento, eres una luz limpia y libre de todas las cosas que te etiquetan, eres como un ser en blanco que puede elegir todo de nuevo.

A continuación, y sobre este nuevo lienzo en blanco, imagina lo que te gustaría ser de ahora en adelante.

- Colócate el primer nombre que venga a tu mente, uno con el que te sientas muy bien, el que tendría esa persona que logra todo lo que se propone mientras fluye en paz y armonía consigo misma.
- Ahora piensa en qué país te gustaría haber nacido y en qué país te gustaría vivir.
- ¿De qué cultura te gustaría ser parte?

- ¿A qué sexo te gustaría pertenecer?
- ¿Con qué tipo de gente andarías en tu día a día? ¿Cómo serían tus amigos y aquellos que cumplen el rol de familia?
- ¿Cómo se comportaría esa persona?
- ¿Cómo se vestiría y se peinaría?
- ¿Cómo caminaría?
- ¿Cómo hablaría y qué cosas diría?
- ¿Cómo la verían los demás?
- ¿Cómo pensaría y cómo reaccionaría ante los retos de la vida?
- ¿Qué tipo de actitud tendría?
- ¿En qué trabajaría, dónde y cuándo?
- ¿A quién ayudaría y cómo sería su contribución al mundo para convertirlo en un lugar mejor del que encontró?
- ¿Qué legado dejaría?
- ¿Por cuáles razones te gustaría que te admiraran?
- ¿Por cuáles razones te gustaría que te recordaran cuando ya no estés?

Bien, ahora que tienes esta nueva imagen en tu mente, empieza a comportarte, durante varias semanas, como esa persona que te gustaría ser, así identificarás cómo te sientes. Al principio va a ser un poco incómodo, pero tienes que romper con esa barrera de entrada, porque te aseguro que después se convertirá en una de las mejores experiencias de tu vida.

Habrá un **primer grupo de cosas que puedes empezar a cambiar desde hoy mismo** como, por ejemplo, la manera de caminar, de vestirte, de hablar y hasta el nombre, en tu imaginación. Los nombres también se pueden cambiar, legalmente hablando, si estás dispuesto(a) a lidiar con las consecuencias; o puedes cambiarlo "artísticamente", lo cual quiere decir que, al igual que hacen los artistas, educas a tu entorno para que te llame por el nombre que has elegido.

Habrá un **segundo grupo de cosas que no puedes cambiar tan rápido**, por ejemplo, pasar de empleado(a) a empresario(a) o viceversa, obtener un ascenso, ser extrovertido(a) en caso que seas muy tímido(a), tu género, etc. En esos casos vas a actuar "como si", es decir: **como si** fueses empresario, **como si** tuvieses el ascenso, **como si** fueses extrovertido, **como si** pertenecieras a otro género.

Por último, **habrá un tercer grupo de cosas que no vas a poder cambiar nunca**. Aquí entra la familia de donde provienes o tu cultura. En esos casos, haz lo mismo que con el grupo anterior: actúa **"como si"**. Como si vinieses de otra familia, como si vinieses de otra cultura, etc. ¡Mira a tu alrededor! Mucha gente ya lo hace.

Puede que no te des cuenta de quiénes fingen tener otra familia, porque no andan por ahí diciendo que tuvieron un padre que les maltrataba o les violaba, pero sí puedes notar la manera como, en su entorno, esta familia biológica ha sido sustituida por un nuevo grupo de personas que juega el mismo rol, yo las llamo **familias energéticas**.

También puedes ver cómo, personas que provienen de otras culturas, llegan y se integran a una nueva como pez en el agua. Esto es porque han encontrado su sitio.

Todo lo que finges que eres se termina convirtiendo en lo que, real y genuinamente, eres.

Es un acto de valentía extraordinario convertirte en la persona que realmente quieres ser, sin importar lo que los demás opinen de eso. Nada de esto es un engaño, **es una reelección consciente**.

Alguna vez fuiste esa luz o ese lienzo en blanco sin etiquetas, pero no tenías la capacidad de elegir cómo querías ser en muchos aspectos, así que otros lo hicieron, condicionándote y tomando decisiones por ti. Ahora puedes cambiar eso. Si no estás donde quieres, no renuncies a continuar. **"Nunca es demasiado tarde para ser lo que podrías haber sido"** (George Eliot).

Y, si aún te importa demasiado lo que opine tu "manada", piensa que siempre puedes buscar otra manada. Piensa en que las personas critican lo diferente porque sus cerebros le hacen creer que los cambios amenazan a la especie y, por último, recuerda que tú solo debes encargarte de tu parcela de felicidad, de tu jardín, **no debes cargarte con la responsabilidad de hacer feliz a nadie más**.

Ya dijimos que querer complacer a todos es el camino más corto y seguro a la infelicidad, en cambio, cuando haces lo que te hace vibrar y te conviertes en la persona que sueñas ser, finalmente los demás terminarán aceptándolo, admirándote por tu valentía y te terminas convirtiendo en inspiración para los que vienen detrás. Solo así podrás ofrecer al mundo la mejor versión de ti, siendo ahora un mejor empleado, mejor jefe, mejor padre, mejor madre, mejor ciudadano, mejor colaborador y mejor ser humano.

Para ayudar a convencer a tu cerebro a enfocarse en el ejercicio de convertirte en tu mejor versión, utiliza alguna de las herramientas de reprogramación mental de las que he venido compartiendo contigo hasta ahora. Por ejemplo: marca en el calendario de las "X" los días que te has comportado como esa nueva persona en la cual te estás convirtiendo. Elige una foto de alguien que te inspire o una foto propia que se parezca a esa nueva versión que quieres alcanzar y mírala diariamente, o coloca una nota visible que te recuerde tu objetivo.

También podrías colocar a la vista un objeto con propósito, por ejemplo, algo que solo usaría la persona en la cual te quieres convertir.

Digamos que, si quieres aprender a hablar en público, ese objeto podría ser un apuntador laser, ese que usarías en tu primera conferencia. Si deseas convertirte en una autoridad en cierto tema, el objeto podría ser un accesorio que te pondrías cuando vayas a recibir un premio o a dar una charla sobre lo que sabes, algo como una gargantilla, o una corbata especial.

Si deseas recuperar tu figura, el objeto podría ser un vestido que solo te podrías poner cuando alcances esa talla. Si te quieres convertir en alguien que viaja mucho, podrías dejar a la vista la maleta que usarías durante esos viajes. Si deseas tener pareja, podrías tener a la vista una pieza íntima que te pondrías en tu noche de bodas o el anillo de compromiso que le regalarías.

Juega a ser la persona que deseas ser, hasta que te **conviertas** en ella. Es un trabajo diario que requiere cierta disciplina y vigilancia de tus pensamientos, pero puede ser un proceso muy divertido si así lo decides. Por el contrario, si lo haces como algo obligado, tu cerebro no va a querer participar y el proceso de aprendizaje será muy lento e improductivo, ya que esta nueva personalidad no se consolidará si no produces los químicos y neurotransmisores que necesitas para lograr el cambio.

Tu vida tiene que ser divertida, ese es el propósito fundamental de tu existencia, ser feliz. La felicidad nunca debe dejarse para el futuro, siempre debe ser el componente principal de tu presente.

Elige tu gente

¿Quién está programando tu mente?

Alguna vez habrás escuchado la fábula del águila y la gallina popularizada por Leonardo Boff, a raíz de una metáfora usada por el político James Aggrey. En caso de que no la hayas escuchado, te voy a contar una parecida.

Águilas y gallinas

En una oportunidad, un granjero iba caminando y se encontró un aguilucho malherido, lo recogió y se lo llevó a su casa, allí lo puso en el corral de las gallinas. El águila fue creciendo como ellas, caminaba igual, picoteaba igual y copiaba todos sus comportamientos, pues pensaba que era una más.

En un momento de su vida, el águila pensó que, tal vez, podría ser y hacer algo más que aquello, y buscando inspiración, comenzó a fijarse en todos los animales de la granja, pero ninguno la inspiró, así que decidió seguir su vida como iba hasta el momento.

Un día, mirando al cielo, descubrió un animal imponente que volaba alto, con determinación, enfoque y poder. Entonces, se le ocurrió pensar que tal vez, algún día, podría ser así. Le preguntó a una gallina que cuál animal era aquel, y la gallina contestó: "Es un águila, ni siquiera la mires, nosotros somos gallinas, nunca podremos ser como ella".

El águila le creyó, y nunca más volvió a pensar en aquello, pasó el resto de su vida pensando que era una gallina de corral. En una oportunidad, alguien visitó al granjero y le preguntó: "¿Tienes un águila entre las gallinas?" a lo que el granjero respondió: "Sí, pero es como una gallina más, come como gallina, actúa como gallina y apenas sabe volar".

Esta fábula explica muy bien lo que termina pasando en la vida de muchas personas que permiten que su entorno o su grupo las defina. Muchos somos águilas que vamos por la vida convencidos de que somos gallinas, simplemente porque es lo único que hemos escuchado decir desde que nacimos, sin embargo, eso no lo convierte en verdad.

Tu cerebro normaliza lo que ve

Cada vez que hablo de los factores que fueron determinantes en el logro de los objetivos más importantes de mi vida, incluido el de curarme, siempre menciono a **las personas como razón fundamental de éxito durante mi proceso.** La gente de la que estuve cerca, y también la gente de la cual supe alejarme.

Una vez Jim Rohn dijo: **"te conviertes en el promedio de las 5 personas de las que te rodeas".** No sé si sean 5, 2 o 20 pero sé que generamos resultados de acuerdo a lo que otros esperan de nosotros y, por eso, nuestras vidas son tan parecidas a las de aquellos que nos rodean. Entonces, vivamos rodeados de "gallinas" o de "águilas", terminaremos pareciéndonos a ellas.

No importa si a esas personas las has elegido conscientemente, como pasa con los amigos, o si tienes la impresión de que ni siquiera has podido elegir, como sucede con la familia. Las hayas seleccionado intencionalmente o no, pasar tiempo a su lado está reprogramando tu cerebro constantemente para que te parezcas a ellas cada vez más y en la mayor cantidad de cosas posibles. Recuerda que el cerebro aprende por repetición y normaliza todo aquello que constantemente sucede en su entorno, como una manera de ahorrar energía para sobrevivir.

Te voy a poner un ejemplo de cómo el cerebro normaliza lo que ve, en este caso con la moda.

Piensa en la primera vez que viste los pantalones tubo o los pantalones bota ancha, a la cadera o a la cintura. La primera vez que viste unos zapatos con una plataforma exagerada o una suela muy delgada. Puede que te hayan causado rechazo e incluso hayas llegado a pensar que, por muy de moda que se pusieran, tú jamás te los pondrías; sin embargo, luego de vérselos a todo el mundo y de ir a la tienda y no encontrar más nada que lo mismo que usa el resto de la gente, terminaste aceptando la nueva moda y hasta te terminó gustando. Lo que pasó aquí es que tu cerebro lo normalizó.

El campo magnético de tu gente

La otra razón por la cual nos "reprogramamos" de acuerdo a las personas que nos rodean, tiene que ver con el campo magnético que emana su corazón. Suena romántico, pero es pura física.

Cuando dos personas se acercan, invaden mutuamente los campos magnéticos la una de la otra, dando origen a un intercambio de energía que se promedia. Esta energía viene dada por sus emociones que, a su vez, vienen dadas por sus pensamientos.

Para las personas con energía muy baja eso es beneficioso porque su estado de bienestar se eleva, pero para las personas que quieren elevar su energía, y se ven obligadas a moverse diariamente entre personas con la energía baja, puede ser frustrante. Seguramente, hayas estado de ambos lados alguna vez en tu vida.

Tal vez, en alguna oportunidad estando triste, hayas sentido los beneficios de acercarte a alguien que está feliz, y hayas sentido que tu ánimo mejora sin importar si esta otra persona haya o no haya hecho algo especial con la intención de hacerte sentir mejor.

O al contrario, tal vez hayas estado trabajando en elevar tu energía, a la vez que te has visto obligado a permanecer en contacto con una o varias personas de energía baja, ya sea en tu trabajo, con tu grupo de amigos o en tu casa. Esto, inevitablemente, te habrá llevado a experimentar cierto decaimiento en tu estado de ánimo.

Todos hemos tenido ambas experiencias alguna vez en la vida: estar con la energía alta, sintiéndonos rebosantes de felicidad, y de pronto encontrarnos con alguien y notar cómo nos apagamos, o estar muy tristes y encontrarnos con alguien que nos sube el ánimo.

El encuentro de dos seres con energías polarizadas hará que el de la energía más baja se sienta mejor, pero el de la energía más alta peor.

Tú decides con quién compartir tu vida, y decides si rodearte de personas que potencien tu energía o que la absorban.

Las personas "oscuras" no tienen más remedio que robar tu luz, y esto no lo hacen porque quieren, lo hacen porque no pueden evitarlo; es un acto totalmente involuntario. Es como si dos personas cayeran al agua, una sabe nadar y la otra no; de forma automática, la que no sabe nadar intentará agarrase de la que sabe, y puede que en ese proceso la termine ahogando, no es porque quiera hacerlo, es simplemente instinto de supervivencia.

La idea a la que quiero llegar con esto es que **debemos acercarnos a todo aquel cuya presencia nos hace mejores personas, y alejarnos de todo aquel que sintamos que nos impide avanzar con su presencia.**

Con esto me refiero a estas personas que no dejan fluir las situaciones, que tienen un problema para cada solución y no te permiten vivir en plenitud, con desinhibición y autenticidad. Si la presencia de alguien te impide ser lo que eres en esencia, aléjate.

Para este tipo de personas, el psicólogo Bernardo Stamateas empleó el término "gente tóxica", popularizándolo con su libro que recibe el mismo nombre. El autor hace más de una docena de clasificaciones en su obra y algunas de ellas son: los descalificadores, los agresivos, los mediocres, los chismosos, los manipuladores, los que se están quejando siempre, etc.

Creo que todos hemos conocido, al menos, una de estas personas a lo largo de nuestra vida. En mi caso tuve muchas de ellas cerca, y tomar la decisión de alejarme fue determinante en el proceso de recuperar mi salud y rediseñar mi vida para conseguir las cosas que quería.

A veces estas personas pueden estar dentro de nuestra familia y, por obvias razones, esto dificulta la idea de alejarnos sin más. Mucha gente me escribe diciendo que la persona más tóxica de su vida es su pareja y sé de qué hablan, porque yo también he tenido una pareja de esas y, aunque no tengo ninguna intención de aconsejarte lo que debes hacer, voy a compartir contigo la siguiente analogía.

Imagínate que te comes algo tóxico un día, puede que no pase de un malestar y se quede en el olvido. Ahora supongamos que te lo comes al día siguiente y luego al siguiente también, y cuando te das cuenta, resulta que lo has convertido en un alimento de tu dieta regular, así que lo más seguro es que comiences a debilitarte, te enfermes, se vea disminuida tu energía, la ilusión por alcanzar tus sueños, y hasta corras el riesgo de morir.

Lo mismo pasa al permanecer en contacto frecuente con personas de este tipo, por muy fuerte que te sientas, algo dentro de ti terminará cambiando, cediendo o apagándose, entonces tendrás una alta probabilidad de enfermarte y hasta de acabar con tu vida. Tanto un alimento tóxico, como una relación tóxica, mantienen a tu organismo subyugado ante una producción de reacciones químicas nocivas y autodestructivas, que tarde o temprano terminarán desequilibrando tu cuerpo y tu mente.

Dime con quién andas y te diré de lo que eres capaz

Fíjate en la gente que está en tu día a día y pregúntate si te quieres parecer a ellos. No porque sean personas que amas significa que quieras parecerte a ellos. Son cosas completamente distintas.

Como ya te conté, mientras estuve enferma tuve que elegir muy bien a la gente con la cual pasaba mi tiempo. Dentro del grupo de personas perfecto para elevar mi vibración estaba mi esposo y algunos amigos, pero dentro de las personas que bajaban mi vibración estaban algunos familiares cercanos que, con su miedo y mentalidad derrotista, aumentaban mi miedo y temor al fracaso, así que tuve que alejarme de ellos.

Alejarte de alguien no significa agarrar una maleta e irte a otra ciudad (aunque a veces sí), alejarte es bajar la frecuencia de encuentros y reemplazarlos por algunas llamadas telefónicas cortas, o procurar que esos encuentros sean "ligeros", rápidos y superficiales (en caso de que no los puedas evitar).

Por ejemplo, si tienes una tía que cada vez que te ve en una comida familiar, se queja contigo de lo mal que está la situación del país y de la crisis mundial, o te habla mal de otro miembro de la familia, tú cambia el tema y háblale de cualquier cosa que te haga feliz. Verás que rápidamente se aburrirá y dejará de contaminarte con sus comentarios, o comienzará a hablar de las mismas cosas que tú y, aunque siga siendo una persona que se queja de todo con los demás, contigo cambiará su actitud. Esto me pasa todo el tiempo, las personas que me conocen saben que no soy receptiva con las quejas y, en consecuencia, eligen hablarme de otro tipo de temas, aunque no suelan ser aquellos de los que usualmente conversarían con los demás.

Si alguien quiere tirar su basura, no permitas que sea en tu parcela. Como he dicho, esto no suelen hacerlo con la intención de hacer daño, simplemente es un patrón de comportamiento aprendido y reforzado por su círculo, pero eso no quiere decir que tú debas tolerarlo.

Toma estas precauciones con toda la gente que te rodea, incluida aquella que no puedes evitar ver, por ejemplo, la de tu trabajo que siempre se está quejando o criticando, si así fuese. En esos casos, comparte con ellos lo estrictamente necesario y coloca tu enfoque en las personas con la vibración más alta, para que aquellas con las cuales no sientes conexión queden en segundo plano. **Lo que no cambias, lo escoges,** y en este caso, cambiar tu enfoque es lo único que te puede mantener fuerte en un ambiente así.

Cuando entré enferma a aquel nuevo trabajo, sin que nadie supiese lo que estaba pasando con mi salud, me di cuenta de que el 80% de las personas que me rodeaban estaban infelices allí. Por supuesto, al no estar bien con sus vidas, tampoco me recibieron de muy buena manera a mí, algunos de ellos me veían como competencia en vez de verme como una compañera. Sin embargo, yo ya estaba intentando resolver algo que se encontraba muy por encima de aquello en mi lista de prioridades, y no prestaba mucha atención a lo que estaba pasando, no era mi batalla sino la de ellos.

Me acerqué a las únicas dos personas que me trasmitían buena energía y, con el tiempo, todas las demás se terminaron yendo de la empresa, se cambiaron de departamento o fueron despedidas, exceptuando una. Posteriormente, entraron nuevos compañeros y con todos me sentía muy bien. Así que la persona que quedaba terminó convirtiéndose en parte del grupo nuevo, y su energía cambió rápidamente. Cuando este individuo estuvo entre personas que hacían daño, él también lo hacía sin darse cuenta, cuando estuvo entre compañeros colaboradores se volvió colaborador, leal y extremadamente amable.

En tu proceso de transformación **"habrá algunos que no puedan seguirte cuando cambies. Es el riesgo de evolucionar. Pero vendrán otros a acompañarte en este tramo nuevo y bien vale la pena"** (Lisa Alther).

Busca tus águilas

Cuando tú cambias todo cambia, pero ¿qué termina pasando en cuanto a las personas que te rodean?

Veámoslo así, imagínate que estás acostado sobre la arena de la playa, siempre en la misma posición. La forma de tu cuerpo dejará una huella allí cuando te hayas levantado, pero si cambias la posición, la huella cambiará también. Igual pasa aquí, al cambiar tu postura, el entorno se ve obligado a readaptarse a ella como única manera de coexistencia posible.

Lo mismo ocurre con la gente que te rodea, responde de acuerdo a la información energética, verbal y gestual que tú emites y viceversa. Cuando tú cambias, ellos se ven obligados a cambiar, aunque lo hagan solo contigo y continúen comportándose igual con el resto del mundo. Es la única manera de coexistir en tu mismo espacio social.

En mi caso, cuando yo cambié, mi entorno -incluida mi familia- lo hizo también. Yo había pasado años deseando que fuesen distintos y que no fuesen tan duros consigo mismos, pero nada de eso pasó hasta que fui yo la que dio el primer paso.

Al cambiar tu postura, en el resto del mar la arena seguirá siendo igual, pero la arena que rodea tu cuerpo cambiará su orientación. **En el resto del mundo la gente seguirá siendo igual, pero la gente que rodea tu vida también cambiará su forma** y esto, a diferencia de la arena, sí que tiene un efecto multiplicador.

Algunos de los que se encuentren en tu vida durante tu proceso de transformación y crecimiento no serán capaces de conectar contigo en tu nueva frecuencia y preferirán alejarse. No te lamentes por ellos, necesitas que se alejen para que puedas seguir evolucionando. Otros permanecerán neutros e intentarán fluir contigo sin acercarse ni alejarse demasiado, manteniéndose casi en el mismo lugar en donde siempre han estado, pero otros te sorprenderán, superando tus expectativas y mostrándote un lado nuevo que nunca hubieses podido imaginar que estaba allí, sacarás lo mejor de ellos y sentirás como si fuesen personas que acaban de llegar, aunque hayan estado allí por años. **Esas son tus águilas.**

Y habrá un grupo más: todos aquellos que lleguen nuevos y conecten con tu nueva versión, con tu nueva frecuencia, esos que nunca hubiesen tenido cabida en tu vida si no hubieses cambiado. **Esas son tus águilas nuevas**, compañeras de vuelo que te ayudarán a llegar cada día más lejos, aunque a veces lo único que hagan sea volar a tu lado.

Busca gente que vibre alto, que le guste volar, y no le temas a la gente que le gusta brillar, no están allí para hacerte sentir inferior, están allí para recordarte que tú también puedes resplandecer. Cuando te encuentres con alguien que pareciera estar por encima de ti, recuerda que eso es solo tu percepción, que todos tenemos nuestro propio lugar, espacio y luz. **"No compares tu vida con la de los demás. No existe comparación entre el sol y la luna, cada uno brilla cuando llega su tiempo"** (Abdul Kalam).

La única persona con la cual debes competir es contigo. El mundo sería otro si invirtiésemos más recursos haciendo lo que nos gusta hacer, que esforzándonos tanto por aprender cosas que en realidad no queremos hacer, pero que hacemos por competir con otros o por querer parecernos a ellos.

Explota todo aquello que es innato en ti, aunque al principio no parezca tan relevante como desearías. Si eres jefe, padre o madre, intenta hacer lo mismo con tus hijos y empleados, es la forma de **criar águilas**. Potencia aquello para lo cual son buenos y resalta sus virtudes, en vez de desgastarles obligándolos a hacer cosas donde no fluyen. Para hacer esas cosas hay un montón de gente esperando en fila porque quizá nadie le ha brindado la oportunidad de explotar sus pasiones, porque los "puestos" permanecen ocupados por aquellos que no quieren estar allí.

Rodéate de gente de la cual puedas aprender, que te inspire, te eleve y te complemente. Hazle saber que hacen tu vida mejor y dales a ellos también lo mejor de ti, sin reservas. Aprende a reconocer su valor con acciones y palabras, incluso si de tus supervisores o de tus padres se trata, el nivel jerárquico no importa cuando queremos potenciar a los demás. Nuestras figuras de autoridad también necesitan ser reconocidas y sentirse admiradas para evolucionar.

No accedas a relacionarte con quienes no te hagan mejor persona, ni a escuchar sus quejas y sus críticas solo por ser "educado". Hay muchas maneras de ser educado, recuerda que tu cerebro no entiende de ensayos, convencionalismos ni normas, y tampoco tiene sentido del humor. Si te sometes repetidamente a una situación, la normalizas. Si continúas rodeándote de personas que te quitan energía, estarás comprometiendo tu bienestar, el de la gente que amas y el logro de tus objetivos de vida.

No te conformes con vivir entre las gallinas, tú **eres un águila y lo sé porque ninguna "gallina" estaría leyendo esto,** y con gallina me refiero a las personas que no tienen interés en levantar vuelo. **Busca tus águilas, estar con ellas te recordará que naciste para volar.**

> **Ejercicio**: Piensa y escribe las acciones concretas que puedes llevar a cabo para disminuir, eliminar o minimizar el contacto con las personas de tu entorno que pudiesen estar restándote energía.

Qué hacer cuando no conoces águilas

Si sientes que no conoces gente que te inspire, que te ayude a elevarte o que te sirva de referencia en tu proceso de transformación, en primer lugar te diría que **busques bien**, porque siempre hay alguien. Solo que a veces estamos tan encerrados en una situación o creencia, que la química de nuestro cuerpo nos impide ver el espectro de opciones que nos brinda la vida.

Intenta conectar contigo para que esa química cambie y puedas ampliar tu visión, solo así empezarás a ver cosas que siempre habían estado ahí, pero que no estabas preparado para ver, entre esas cosas **encontrarás la gente que necesitas para todo aquello que quieres lograr en la vida.**

Confía en que aparecerán y déjale lo demás al Sistema de Activación Reticular (S.A.R.A) que, tal como lo expliqué antes, viene siendo así como tu buscador inteligente personalizado. Él busca y encuentra todo aquello para lo cual lo programas, y todo aquello en lo cual tu energía permanece enfocada.

Por otra parte, mientras llegan tus "águilas", puede que algunas veces sientas momentos de soledad. Esa situación no solo es normal, sino que es una de las más importantes, trascendentales y necesarias de tu vida, es allí donde te encuentras y reconectas contigo, donde renaces para resplandecer con más fuerza.

Mientras todo esto pasa, busca **águilas virtuales** que te acompañen en el proceso. Con esto me refiero a que aproveches la gran oportunidad que nos brinda la tecnología para llegar a las personas que más admiramos. Síguelas, escúchalas, lee sobre ellas, involúcrate con sus logros y con la manera como han sabido superar sus dificultades. Déjate contagiar de sus ideas, su amor propio y su grandeza, permite que toda esa información se vuelva una situación que tu cerebro normalice.

Algunas de mis águilas fueron: Jim Rohn, Zig Ziglar, Brian Tracy, Napoleon Hill, Robert Kiyosaki, Lair Ribeiro, Louise Hay y Tony

Robbins. Entre mis nuevas águilas están Bruce Lipton, Joe Dispenza, Gregg Braden, Jack Canfield, etc.

¿Quién te acompaña en tu vuelo?

Ya para cerrar este capítulo referido a la gente que te rodea, te invito a hacer un ejercicio rápido y sencillo.

> **Ejercicio**: Toma tu teléfono móvil, o celular, y anota las últimas 5 personas con las que has conversado a través de texto, las últimas cinco con las que hablaste vía telefónica, las últimas 5 con las cuales te reuniste o te encontraste y luego, abre tus redes sociales y revisa las cinco a las que más sigues. Por último, piensa en las cinco personas con las cuales más interactúas en tu vida diaria, ya sea porque las ves en el trabajo, en tu casa o en cualquier otro sitio.

Ahora pregúntate si estas personas con su actitud, los temas de los cuales hablan y el tipo de energía que generas al interactuar con ellas, te están acercando a tu mejor versión y a lograr la vida que quieres, o te están alejando. Haz esto independientemente de si son de la familia, si son desconocidos o si son personas que piensas que sí o sí tienen que permanecer en tu vida sin elección.

Recuerda también que nuestros resultados van en función de las expectativas y referencias del entorno. Si tu tribu o "manada" no te ayuda a convertirte en la persona que deseas ser, puede que necesites alejarte, pero también puede que lo único que haga falta es que cambies tú y así ellos cambiarán para ti también. Es tu decisión y **"es en los momentos de decisión cuando se forma tu destino"** (Tony Robbins).

Musicaliza tu vida

Canción "ancla".

La música es una herramienta extraordinaria para ayudarnos a elevar nuestra energía. Es capaz de influenciarnos, incluso desde el vientre materno y, dependiendo del estilo, puede ayudarnos a sentir calma o llegar a ponernos realmente eufóricos. Con frecuencia invito a las personas que van a mis charlas a adoptar canciones potenciadoras, y que las usen como anclas que les ayuden a salir de forma rápida de estados emocionales no deseados.

Es bien sabido que, con los años, numerosos estudios han logrado demostrar el impacto positivo que la música tiene sobre nuestro bienestar físico y mental, por eso existe la musicoterapia. Al igual que la sonrisa, la música también es eficaz contra el dolor y aumenta la inmunidad de nuestro cuerpo. Ayuda en el desarrollo de la coordinación del cuerpo y la memoria, haciendo que su rendimiento sea mejor y logrando así mayor retentiva. Además, es extraordinaria como herramienta en la recuperación de las enfermedades o eventos asociados con accidentes porque acelera el proceso de cicatrización, entre muchos otros beneficios.

Por otra parte, la música activa las áreas del cerebro encargadas de la empatía y contribuye a fortalecer lazos sociales. La música en una fiesta o reunión social es casi un requisito indispensable. Está demostrado que cuesta menos entablar una conversación con alguien que acabas de conocer cuando hay música relativamente alta de fondo, que cuando no la hay o está muy baja. No es en vano que se haya convertido en la industria multimillonaria que todos sabemos que es; la necesitamos, existe en todas las culturas y ha estado presente en todos los tiempos.

Sin embargo, no cualquier música funciona para nuestro objetivo de mantener nuestra energía en alto, por eso es tan importante poner atención a la música que eliges y a cómo ésta te hace sentir para no producir un efecto contrario. Por ejemplo, en mi caso, ya mucho antes del cáncer había dejado de escuchar canciones románticas tristes, pues bajaban mi energía de una forma exagerada. Esto empezó a sucederme a raíz de una ruptura amorosa que tuve cuando era una adolescente.

En contraposición a eso, existen otros géneros que suben mi energía rápidamente, y a raíz de mi enfermedad, aprendí a usar la música como una herramienta en mi proceso de recuperación. Cada mañana camino al trabajo, escuchaba música que me hacía sentir eufórica y feliz. Mucha gente me preguntaba por qué llevaba música de fiesta, a todo volumen, durante la mañana en mi auto y la razón era sencilla: ese tipo de música me hacía sentir bien y no tenía que estar reservada para las fiestas.

Luego descubrí que, si la cantaba, era aún el doble de poderosa, especialmente si lo hacía acompañada, por ejemplo, cuando iba en el auto con algún amigo o lo hacía con desconocidos en un concierto. Hacer este tipo de cosas con la música que nos gusta, es un sentimiento totalmente satisfactorio y sanador debido al proceso de oxigenación y liberación de neurotransmisores que se desata mientras cantamos, relajando nuestros músculos, ayudándonos a liberar tensiones y emociones no deseadas, que ni siquiera notábamos que estaban allí.

Además, cantar nos exige una postura específica que tonifica los músculos del abdomen y la espalda. Es algo liberador, así que ¡si nunca lo has hecho, inténtalo hoy mismo!

Entre tus herramientas para reinventarte, elige tener al menos una canción "ancla" o género musical para tu vida siempre a mano, y conecta con ellos rápidamente cada vez que los necesites. Tener a mano una canción conocida que suba tu ánimo con rapidez, será de mucha utilidad en los momentos donde las emociones de baja frecuencia quieran apoderarse de ti.

Reinventa los espacios físicos

Tu cerebro necesita coherencia en todos los sentidos.

Cuestiona los lugares donde pasas la mayor parte del tiempo, estos lugares tienen una gran importancia y poder sobre el logro de tus objetivos, pueden ser un recordatorio de tus miedos y fracasos, o también un recordatorio de tus victorias, de tus sueños y tu poder ilimitado. Son estímulos constantes que pueden influenciarte positiva o negativamente en el desarrollo del hábito de la felicidad y consecución de objetivos. Hablo de tu casa, tu lugar de trabajo, los sitios donde pasas el tiempo libre, etc.

Debes hacer lo posible para que cada uno de estos lugares haga una contribución positiva a tu vida, con estímulos que favorezcan una sinapsis orientada a alcanzar aquello que quieres.

Puede que tu casa o lugar de trabajo no sean los que siempre has soñado pero, aun así, puedes usarlos como "palanca" para llegar a esa meta que tienes en mente, haciendo algunos arreglos y llenándolos de estímulos agradables que te ayuden a colocar el enfoque en tus sueños.

Coloca todos los recordatorios y haz todos los cambios que consideres necesarios en tu recorrido diario, todo sirve (fotos, mensajes, otro color de pintura, otros muebles, algún adorno) y, sobre todo, **mantén el orden**, esto es fundamental para que haya claridad en tus pensamientos.

Ten siempre a la vista las cosas que te estimulan. Yo adoro las fiestas y la playa, entonces, cuando estaba enferma, organicé mi armario de manera que, cada mañana antes de irme a trabajar, debía pasar por donde estaba mi ropa de fiesta y mi ropa de playa para poder llegar a donde estaba la ropa de trabajo, mandé a hacer un *vestier* gigante y lo ordené así a propósito. Pasar por los tacones, lentejuelas, vestidos de noche y bikinis antes de irme a trabajar era extremadamente motivador para mí.

Salía de mi casa con la sensación de que en cualquier momento podía haber una fiesta para estrenarme uno de aquellos vestidos o que, simplemente, me lo podía estrenar sin ninguna excusa, ya que la vida era suficiente motivo de celebración. Dejé de guardar cosas para "después" y de pensar desde la carencia.

Mi ropa era un cúmulo de **objetos con propósito** por cualquier lado por donde mirara. Por ejemplo, tener la ropa de playa a la vista me recordaba que este sitio era accesible y que podía ir a ella cada vez que quisiera y aunque no solía ir con tanta frecuencia como sentía que iba, lo importante era la emoción que esto me causaba.

Lo mismo hacía con las maletas, las tenía siempre a mano, para recordar que podía viajar cada vez que lo deseara. En la cocina tenía las copas, vajilla y todo aquello que asociaba con fiestas, siempre más a la vista que los utensilios de diario. Me deshice de casi todos los medicamentos que había en casa para olvidarme de que me enfermaba y, en su lugar, dejé algunos complementos vitamínicos y una que otra pastilla para malestares comunes, pero nunca a la vista.

En la oficina tenía mensajes potenciadores pegados en mi corcho, algunas fotos de lugares que me gustaban y de amigos. Además, procuraba tener siempre mucho orden en todos los sitios, especialmente en casa, mi centro energético.

El orden físico de las cosas y la limpieza suelen ser bastante representativos del control que tienes sobre tu vida. Poner orden en tus cosas puede hacerte avanzar a pasos agigantados.

Folio de agradecimiento

Una fuente ilimitada de neurotransmisores del bienestar.

———

Dentro de las herramientas de reprogramación que quiero compartir contigo, se encuentra el **folio del agradecimiento**.

Uno de los hábitos o actitudes importantes a considerar en el proceso de convertirte en alguien nuevo, es el agradecer lo que ya eres y lo que ya tienes, en especial las crisis, porque son ellas las que te mueven hasta donde quieres llegar.

Agradecer eleva tu energía y te ayuda a secretar sustancias químicas que favorecerán tu proceso de transformación, fijando mejor cada nueva actitud que vayas incorporando en tu rutina diaria. Adicionalmente, y al igual que cualquier otra emoción de alta frecuencia, el agradecimiento te ayudará a modificar tu visión de las circunstancias, permitiéndote ver cosas que hasta ahora no habías visto, contribuyendo a la modificación de tus redes neuronales y mejorando tu coherencia cardíaca (patrón ordenado y predecible del corazón, lo cual ayuda a mejorar tu intuición).

Para incentivar este hábito, toma un folio de papel en blanco y pégalo en un lugar visible para ti. Luego, cada mañana al despertarte, o cada noche al llegar a casa, anota allí unas tres cosas de tu día por las cuales sientas agradecimiento. Como habrás notado, con todas las herramientas que te he propuesto, la repetición es la clave de la reprogramación.

Si tienes pareja o hijos, invítalos a participar en esta actividad contigo sin importar la edad que tengan, incluso si son bebés haz tu rutina de agradecer en presencia de ellos y en voz alta.

Agradece lo bueno, lo neutro y lo "malo", pues **si solo eres feliz cuando no tienes problemas, entonces no eres feliz.** Agradecer todo por igual te ayudará en el aprendizaje de desetiquetar, y a aceptar que nada en la vida es bueno ni malo, y todo tiene una razón de ser.

Siempre digo que lo mejor que me ha pasado en la vida es haber tenido cáncer, sin esa enfermedad, mi vida sería una espiral interminable de sacrificios tras sacrificios. Pero ella vino a cambiar mi mundo, obligándome a reprogramar mi mente y la visión de todas las cosas, haciendo todo más fácil y mejor para mí. Aunque no todos necesitan pasar por una enfermedad o vivir una crisis para cambiar, también es cierto que **cada crisis esconde una oportunidad** y solo en cada uno de nosotros se encuentra la determinación para descubrirla y aprovecharla. **El viento a favor empuja, y el viento en contra fortalece, ningún viento es malo.**

Absolutamente todo lo que pasa en tu vida puedes usarlo para algo que te haga mejor persona, esa es la verdadera resiliencia.

De empleado disléxico a emprendedor exitoso

En una oportunidad, mientras ejercía como Directora de Marketing en una de las empresas para las cuales trabajé, se me ocurrió crear un programa de desarrollo profesional alimentado por los propios miembros del equipo, con el fin de mantenernos actualizados en nuestras carreras.

Mensualmente, cada persona del grupo, llevaría a cabo una

presentación que permitiese al resto de los integrantes aprender algo nuevo, y a final de año se premiaba al ponente más destacado con una taza o *mug* personalizado.

Un día, el fundador de la empresa -a quien poco solíamos ver por allí-, se enteró de esta iniciativa y dijo que él también quería participar; a modo de chiste dijo que lo hacía por la taza.

Le pusimos una fecha para hacer su presentación y el día acordado allí se encontraba, en la sala de juntas, pidiendo ayuda para conectar su laptop al proyector de imagen. Mientras hacía eso, comentaba que, ojalá nos gustara lo que había preparado, porque nunca había hecho una presentación de ese estilo antes.

Su ponencia fue excelente y, cuando terminó, no pude evitar preguntarle cómo era posible que el dueño de una empresa tan grande nunca hubiese hecho una presentación de aquel tipo antes. Nos dijo que no lo había necesitado nunca y que, cosas como aquellas, no se le daban muy bien debido a que era disléxico.

También nos contó que había trabajado para algunas empresas pero que, por su condición, sentía que tal vez nunca sería un excelente empleado. Luego, a modo de broma, agregó que, además, era impuntual y esto le había costado su puesto de trabajo una vez en McDonald's siendo muy joven. Por todo esto decidió emprender, para que otras personas hicieran por él lo que él consideraba que no hacía de forma excelente.

Siempre lo había admirado, y en aquel momento me sentí aún más llena admiración hacia él. Gracias a su dislexia (su crisis), a su valentía y a su capacidad de centrarse en sus fortalezas y no en sus debilidades, más de 500 personas teníamos la oportunidad de tener un empleo. Quedaba claro que, si nunca hubiese tenido aquella crisis, tal vez nunca hubiese emprendido, no se hubiesen creado las maravillosas marcas y productos que, gracias a la existencia de aquella empresa, cubrían grandes necesidades en la vida de millones de consumidores, y yo no hubiese tenido aquel maravilloso trabajo al que tanto le debo.

Esto es una excelente demostración de que **la adversidad revela nuestros verdaderos talentos y pone a prueba nuestro temperamento.**

Agradece la gota que rebasa el vaso porque solo al hartarnos de ciertas situaciones, somos capaces de girar la mirada hacia otros lados y aumentar nuestros niveles de exigencia.

Aprende a vivir con el hecho de que las situaciones adversas siempre van a estar en la vida, y que lo único que las hace valiosas es la manera como decides reaccionar ante ellas.

Agradece cada obstáculo, cada crisis y cada accidente, porque, aunque en el momento que suceden no sabes cómo te van ayudar, son la semilla del cambio que deseas en tu vida.

Enfermedades

Amigas mensajeras.

Entre las herramientas actitudinales para reprogramar el cerebro, es importante saber cómo comportarse ante las enfermedades pues el cuerpo es el instrumento para alcanzar nuestros objetivos. Es por eso que debemos mantenerlo en óptimas condiciones, y entender que cualquier dolencia que nos aqueje, es una alerta que manda nuestro sistema para avisar que hay algo que mejorar en nuestra manera de actuar. **"Cada enfermedad es una causa más profunda, algo en ti con lo que no conectas y no aceptas"** (Louise Hay).

Entre todas las cosas que aprendí durante mis largos meses de introspección y reflexión, buscando la manera de alejar el cáncer de mi cuerpo, una de las más valiosas fue descubrir que la mejor manera de enfrentar una enfermedad no es rechazarla o "pelearte" con ella, lo mejor es aceptarla y agradecer su llegada.

Con frecuencia escucho personas hablándole al cáncer y diciéndole cosas como: "voy a luchar contra ti", "te voy a ganar la batalla", "te venceré". Ni el cáncer ni ninguna enfermedad es nuestro enemigo, son señales de auxilio que provienen de nuestro propio organismo, avisos del cuerpo que nos indican que estamos haciendo algo mal.

Poner resistencia es activar nuestro sistema de lucha o huida, y eso hará que pongamos a funcionar nuestro sistema de producción de drogas endógenas, las mismas que están reservadas para una situación de peligro totalmente diferente a una enfermedad. Por lo cual, esta bioquímica no nos ayuda a curar, sino todo lo contrario.

Lo explicaré mejor con un ejemplo. Digamos que te encuentras caminando en la selva y te haces un corte profundo con una rama. Lo más seguro es que te detengas por un momento a observar la gravedad del daño y sientas que necesitas un tiempo de calma para recuperarte; de hecho, lo que cualquier médico te sugeriría sería reposo o disminución de la actividad y del estrés para que tu cuerpo se concentre en reparar los daños.

Ahora, imaginemos que en vez de tomar reposo tras el corte, te veas obligado a comenzar a correr o defenderte de un tigre que acaba de aparecer. En este caso, el sistema central de tu cerebro no puede concentrarse en curar tu herida, está ocupado en algo mucho más grande, en salvar tu vida. Ya cuando te encuentres libre de peligro, y en calma, el cuerpo regresará a la función de cerrar la herida.

Mientras tu cuerpo estuvo luchando, o escapando del tigre, no pudo ocuparse del corte. De la misma forma, mientras tu cuerpo está luchando o escapando de una enfermedad, no puede ocuparse de ella.

Estás viendo a la enfermedad como el "tigre", cuando en realidad tienes que verla como la "herida", indiferentemente si esta es una herida o no. Recordemos que esto es solo una analogía.

En este caso es importante no confundir el tener una actitud de empoderamiento y energía ante las enfermedades, con una actitud de lucha y resistencia. La actitud de sentir poder sobre tu cuerpo es perfecta, porque sí que lo tienes; la actitud de luchar y resistir, solo te hundirá más en tus dolencias.

Así que el primer paso ante la llegada de una enfermedad es **pregúntale qué vino a decirte**.

Cuando un problema de salud comienza a afectar nuestro

bienestar, generalmente no llega de la nada. En la mayoría de los casos siempre hubo señales previas, tal vez algunos dolores o sensaciones incómodas, y estas señales pueden haber sido tanto físicas como emocionales.

En mi caso, antes del cáncer, ya había tenido acidez estomacal, luego gastritis y también problemas con las rodillas. Intentaba resolverlo tomando medicamentos como la mayoría de las personas, escondiéndome de mi propia capacidad de curación; sin embargo, elegir ese tipo de soluciones es como querer contener el agua que sale por una tubería rota con un trapo viejo en vez de arreglar la tubería. Esta medida de emergencia puede ayudar en el momento, pero NO es una solución sostenible en el tiempo para quienes desean tener una vida larga y en plenitud.

Mientras aprendemos a entender lo que nos está sucediendo ante la aparición de una enfermedad la medicina convencional funciona muy bien, se convierte como en una especie de flotador salvavidas que nos brinda un soporte excelente hasta que aprendemos a "nadar".

Yo me siento agradecida y afortunada de vivir en una época donde existen tantos avances médicos, gracias a ellos he podido "hacer tiempo" para aprender lo que necesito saber de mí misma sin llegar a colapsar (tal como me sucedió con el cáncer). Pero no podemos delegar todos nuestros problemas de salud a terceros, ya que si no encontramos la raíz para exterminarlos, estos van a regresar una y otra vez hasta que el cuerpo se vea saturado y colapse.

Las enfermedades son la consecuencia de un mal manejo de las emociones, incluso las hereditarias. La epigenética ha demostrado que **heredar el gen de una enfermedad no te sentencia a padecerla**. Este gen es, simplemente, una munición que está allí esperando a ser disparada, y eres tú quien decide apretar el gatillo o no, a través de tus emociones y tus hábitos.

El biólogo celular Bruce Lipton dijo que **"los comportamientos, creencias y actitudes que observamos en nuestros padres se graban en nuestro cerebro y controlan nuestra biología el resto de la vida, a menos que aprendamos a volver a programarla"**. También dijo que **"podemos controlar nuestras vidas a través de controlar nuestras percepciones"**. Cuando manejas tus percepciones, cambias tus emociones; y cuando cambian tus emociones, cambia tu salud.

Si padeces de alguna enfermedad, debes cambiar algo en la manera como actúas o en la manera como percibes las cosas, hay alguna emoción que debes identificar, quizá sea culpa, odio, rabia, sugestión, falta de perdón, etc. Claramente existen factores externos como la alimentación, el ejercicio y el sueño que también son determinantes, pero no será suficiente comer mejor, hacer más ejercicio o dormir más si tus emociones te mantienen atrapado. **Cuando sana la emoción, sana el cuerpo.**

Podemos echarle la culpa de nuestras dolencias a miles de cosas, por ejemplo al cigarrillo, al microondas, al alcohol, al sol, etc. Pero la verdad es que esos solo son los detonantes. Si no hubiese una emoción de baja frecuencia detrás de cada una de esas cosas, otra sería la historia.

Pon atención a los avisos del cuerpo y pregúntales cuál es su mensaje, agradéceles por venir, corrige la conducta y suéltalos desde el amor. Esos avisos suelen ser bastante literales, se puede saber lo que está ocurriendo en la vida de una persona a través de sus enfermedades y dolencias. Puede que no siempre se sepa el problema exacto que le aqueja, pero sí la manera como se lo está tomando.

Por ejemplo, si alguien te habla de un dolor en la espalda, puede ser que sienta sobrecarga con alguna situación que no sabe manejar. Si no ve de lejos (miopía) puede ser miedo y desconfianza hacia el futuro. Si se está quedando sordo, puede ser la consecuencia de no querer oír algo. La rigidez en el cuerpo podría ser la incapacidad de querer flexibilizar con respecto a alguna situación. Una situación de sobrepeso tal vez se trate de alguien intentando protegerse de alguna persona o situación. (Si te interesa este tema, puedes informarte mejor en la bibliografía de Louise Hay).

Por último, recuerda que **no puedes estar sano en un ambiente enfermo**. Si bien las enfermedades nacen en nosotros mismos, y son la consecuencia de nuestros propios hábitos, pensamientos y emociones, recuerda también que para mantener esos pensamientos y emociones de alta frecuencia como algo sostenible en el tiempo, necesitas estar en un ambiente propicio. Así que debes aprender a entender tu cuerpo cuando te pida que te alejes de ciertos sitios o personas. Puede ser de una relación, un trabajo, un grupo de amigos, una vivienda, un país o cualquier cosa que se encuentre interfiriendo con tu proceso de entrar en coherencia y evolucionar.

Edúcate para el éxito

"En la era de la información, la ignorancia es una elección". -Donny Miller-

---

La historia de Kawú

Kawú era un chico que había crecido en una pequeña aldea inmersa en un territorio salvaje rodeado por muros de rocas y montañas.

El sitio donde vivía producía todo lo necesario para cubrir las necesidades básicas de su pequeña comunidad, podían comer frutos que les ofrecía la tierra, tomar agua de los manantiales y tenían cuevas donde se refugiaban para dormir. Por esta razón, ni él ni nadie había salido nunca de aquel lugar.

A pesar de que Kawú sentía curiosidad por explorar lo que había en el exterior, nunca se había atrevido a salir, pues siempre tenía presentes todos los miedos que su madre y su entorno se encargaban de alimentar.

Les aseguraban que lo que había fuera de allí no era nada bueno, porque de todas las personas que se habían marchado en algún momento, ninguna había regresado.

Quedaba claro que del otro lado habría alguna especie de monstruo esperando para devorárselos o, en todo caso, condiciones poco amigables para la vida. Además, aquel sitio se consideraba seguro y, aunque había ciertas carencias, no eran tan fuertes como para arriesgarse a buscar peligros en tierras desconocidas.

Aun así, Kawú no dejaba de pensar que tal vez en el exterior estaba la solución para algunos problemas que comenzaban a aumentar. Le preocupaba que cada vez había menos alimentos y agua y, en consecuencia, más enfermedades. Sumado a esto, algunos animales que antes no rondaban por allí, ahora se convertían en una amenaza por las noches, ya que las viviendas de aquella aldea no eran lo suficientemente seguras.

Un día le dijo a su madre que había estado pensando en salir de los límites, pero ella le aseguró que era muy mala idea, que lo mejor era aferrarse a lo conocido, en vez de enfrentarse a lo desconocido.

Pasado el tiempo, Kawú se enamoró y se estableció en pareja. Mientras tanto, la situación de alimento y agua iban en decadencia, así que buscó el momento y le dijo a su mujer que había estado pensando en explorar fuera de los límites de aquel territorio, pero al igual que su madre y su comunidad, ella le pidió que por favor no lo hiciera. Por generaciones se había demostrado que quien salía de allí, nunca volvía.

Al poco tiempo, Kawú se convirtió en padre. Con gran temor veía cómo los alimentos y agua escaseaban más que nunca, así que una mañana, aún sin el apoyo de su familia y su comunidad, decidió sobrepasar los límites de su territorio cuidadosamente. Iba muy asustado, pero convencido de que la poca comodidad que les quedaba estaba por acabarse para siempre.

Armado de valor, y alimentado por la ilusión de encontrar una solución a la escasez que vivían, comenzó a subir uno de los interminables muros de rocas. Cada cierto tiempo se detenía y pensaba en todo el peligro al cual se podía estar exponiendo, entonces dudaba si debía continuar, y analizaba la opción de regresar. Pero **recordaba por qué había empezado y retomaba el camino.**

Cuando finalmente llegó a la roca más alta, y miró lo que había al otro lado, pudo notar con gran asombro que no había ningún monstruo esperando, ni tampoco nada a lo que temer, por el contrario, le esperaba una tierra fértil llena de frutos y agua fresca, y también la civilización.

Kawú no había imaginado nunca que fuera de su hogar podía haber más agua, ríos y mares. Tampoco sabía que se había inventado la agricultura, que existían los supermercados, y que allí podía encontrar todo tipo de alimentos, sin tener que cazar o recolectar todo lo que necesitaba para vivir. No sabía que, mientras él y su gente permanecían asustados cada noche en sus cuevas, otros hombres habían inventado todo tipo de materiales para construir casas que superan las necesidades básicas de resguardo. Mucho menos tenía idea de que se había inventado la medicina tal como la conocemos, y que esto hubiese podido ayudar a su comunidad en momentos de mucho miedo.

Todas estas cosas hubiesen seguido permaneciendo como posibilidades ocultas para él y su gente si nunca hubiese tomado la decisión de salir de su territorio conocido. Así que lo más seguro es que si algún día las sequías hubiesen sido más largas de lo normal, tanto él, como su comunidad hubiesen muerto de sed, sin saber que a escasos metros del límite territorial que nunca se atrevieron a cruzar, había un caudaloso río de agua fresca y una gran variedad de alimentos.

Muchos de nosotros somos como Kawú en algún aspecto de nuestras vidas, nos morimos de sed sin saber lo cerca que estaba el río.

Es lo que nos pasa cuando no nos educamos, nos convertimos en personas tan incapaces de ver oportunidades y posibilidades, que morimos de desilusión y de tristeza pensando que no hay más opciones que las que ya conocemos, y recurrir a la "tribu", con frecuencia, no hace más que acentuar esas convicciones.

Cuando estuve enferma ya había estudios que vinculaban a los pensamientos con la salud y la consecución de objetivos en general, pero yo no lo sabía, y aunque había escuchado algo relacionado con el tema no pensé que fuera para tanto. Sin embargo, en mi búsqueda incansable, tuve la fortuna de encontrarme con una persona que había conseguido lo que yo quería, e impulsada por su testimonio salí de mi zona conocida, y subí los "muros de rocas" determinada a encontrar resultados, entonces pude ver "el río".

El nombre que la gente hubiese puesto a lo que me pasó en aquel momento cuando por fin logré curarme, hubiese sido "milagro". Pero aquel milagro nunca hubiese ocurrido sin la investigación y la educación que previamente me proporcioné.

Kawú no pudo soñar con hacer la compra en el supermercado mientras no supo que existía, así como yo, por varios meses yo no pude soñar con la fórmula para curarme de cáncer por la misma razón. Muchas personas no pueden imaginarse con una vida mejor porque tampoco saben que existe o que hay maneras de conseguirla.

La única forma de saber que hay opciones es educándonos y abriéndonos al mundo del conocimiento. **"En una era de información, la ignorancia es una elección"** (Donny Miller).

A estas alturas sabrás que, cuando hablo de educación, no me refiero a la educación académica convencional, me refiero a cualquier educación que necesites obtener para cambiar tu vida.

Todas las personas que han logrado lo que tú sueñas lograr, han puesto un pie fuera del territorio conocido.

Siempre hay más de una solución para cualquier situación que puedas estar viviendo, ya sea salir de una enfermedad, sacar un negocio adelante, mejorar tus relaciones, ser mejor padre, ganar más dinero, o lo que se te ocurra. La manera de acceder a ella es saliendo de tu territorio y dejándote acompañar por aquellos que ya han vivido antes algo parecido a lo que tú estás viviendo en este momento.

Atrévete a abandonar la zona falsamente segura, fuera de allí está la verdadera magia de la vida.

Paso 4: ACTUAR

Ejecuta con rapidez

"Incluso una decisión correcta es incorrecta cuando se toma demasiado tarde". Lee Lacocca

Nuestra vida es la suma de nuestras decisiones y nuestras acciones y, para que una acción se lleve a cabo, tiene que haber una energía que la provoque.

Para entender cómo funciona la energía, podemos hablar de una rueda. Dependiendo de su tamaño y condición, esta podría moverse más o menos rápido según el impulso que le demos. Puede que al principio le cueste un poco comenzar a girar, pero terminará adquiriendo inercia y una velocidad incalculable si nos mantenemos empujándola.

Todo lo que está en movimiento permanece en movimiento, por el contrario, **todo que no se mueve se muere**, se deteriora o se apaga. Así como el agua estancada se pudre, la sangre quieta se enferma y el dinero guardado se devalúa, de la misma manera cada pensamiento, impulso, visión, presentimiento, casualidad, oportunidad o sincronicidad que tengamos perderá su mensaje y su valor si no la aprovechamos con inmediatez.

Ejecutar una acción con rapidez trae una consecuencia totalmente distinta a ejecutar la misma acción con retraso o procrastinación.

Al igual que la unión es más que la suma de sus partes, la inmediatez y la continuidad en las acciones son más que estas

mismas acciones llevadas a cabo por separado y fuera de su tiempo, a esos impulsos que tanto nos benefician en la consecución de objetivos y que tanto nos acortan el camino, los he llamado **brotes energéticos.**

ACTUAR en consecuencia con tus impulsos restablece la capacidad natural de intuir que todos los seres humanos poseemos. Es la manera de que tu cuerpo sepa que lo estás escuchando, que le estás haciendo caso y que quieres que te siga mandando información. **La acción te ayuda a encontrar la dirección.**

Aunque esta fase de "actuar" está ubicada en último lugar de las cuatro que componen el método Neurolead, en realidad debe ir siempre en paralelo con las otras tres: **CREER**, **REPLANTEAR** y **REPROGRAMAR.**

Diariamente la vida coloca nuevas oportunidades y opciones frente a ti, que solo serás capaz de ver y aprovechar si te encuentras en acción. Cada minuto es una ocasión para redireccionar tu vida y cambiarlo todo, tu función es ver cuáles de esas opciones que se te presentan van en línea con tus objetivos, y tomarlas.

Sabemos que no siempre será fácil y que, con frecuencia, tu cerebro se opondrá a las cosas nuevas que quieras intentar. Va a buscar la forma de escapar, colocando tu enfoque en situaciones rutinarias y sin riesgo aparente. Esto no va a pasar ni una vez ni dos, esto va a ser una constante que tienes que considerar desde ahora como parte de cualquier proceso de mejora o reinvención, para el resto de tu vida.

Por eso, debes prepararte con herramientas que te ayuden a combatir las debilidades de tu cerebro y las posibilidades de caer bajo los dominios del miedo y la comodidad, ya que estos podrían sumergirte por tiempo indefinido en el letargo de la vida, o mantenerte en un territorio conocido pero carente de oportunidades.

Este libro está dotado de esas herramientas actitudinales y sensoriales o técnicas que necesitas para que tus procesos de mejora y reinvención sean sostenibles en el tiempo. Sé, por experiencia propia, que reprogramar tu cerebro e ir por tus objetivos no puede depender únicamente de tu buen estado de ánimo, de tu fuerza de voluntad o de la inspiración que provenga del exterior, por eso es importante que te apoyes en un sistema que te ayude a ser constante en la ejecución de las acciones que sabes que debes llevar a cabo.

Cuando quieres que el agua hierva, no enciendes y apagas el fuego, lo dejas encendido hasta que esto pase. Cuando quieras que tu vida avance, no enciendas y apagues tu felicidad, déjala encendida hasta que pase la vida.

Hagamos un repaso

Nos acercamos al final de este libro y considero que este es el momento justo para hacer un repaso antes de entrar en la última etapa.

Llegados a este punto sabemos que tus pensamientos cambian tus emociones, y tus emociones cambian tu nivel vibratorio, tu coherencia cardíaca, la energía de tu campo magnético, la bioquímica de tu cuerpo y tus redes neuronales. Y esto, a su vez, cambia los resultados en todas las áreas de tu vida, permitiéndote así vivir cualquier cosa a la cual tú decidas llamar ÉXITO.

Bien, y si todo comienza en los pensamientos, si son ellos los que moldean las conexiones de nuestro cerebro hasta el punto de cambiarlo, ¿qué tipo de pensamientos debes tener y cómo puedes mantenerlos en el día a día?

Lo primero es estar abiertos a los procesos de cambio como una rutina natural, buena y necesaria para evolucionar. Mantenernos aferrados a nuestra zona conocida no nos llevará a ningún lugar nuevo, ni a ninguna vida muy diferente a la que hemos tenido hasta ahora. Para atraer estos grandes cambios a tu vida recuerda que cuentas con el método **Neurolead**.

El paso inicial y fundamental para todo nuevo comienzo es **CREER**. La única razón por la cual hasta ahora no veías ciertas cosas posibles es debido a que tu cerebro no estaba configurado para creerlas.

Con el trabajo de reprogramación neuronal que estarás haciendo, un nuevo mundo de oportunidades se presentará ante ti. Sin embargo, es importante comenzar a ver estas oportunidades en tu imaginación como una opción posible para poder acceder a ellas, no al revés. Piensa en aquello que elegirías hacer o tener si fuese imposible fallar, y comienza a creer antes de ver.

Con base en la convicción de que todo es posible, y que ya no tienes que elegir las cosas desde la carencia, el próximo paso es **REPLANTEAR**. Piensa en lo que realmente elegirías desde la abundancia ilimitada y desde lo que tu corazón te pide. Hazlo sin importar lo que otros esperan de ti, porque si tan solo cumples con lo que tú esperas de ti, con el tiempo, eso también será suficiente para los demás.

Diagnostica tu situación actual y echa un vistazo al trayecto que hay entre el lugar donde estás ahora y el sitio al cual quieres llegar. Luego, desarrolla tus objetivos con todas las características que estos deben poseer: que sean por escrito, ambiciosos pero creíbles y que te causen una emoción indescriptible. Redáctalos y piénsalos en positivo, en presente, en primera persona y visualizándolos como si ya los tuvieras en tu vida, para que la emoción realmente te ayude a fortalecer ese **nuevo yo** en el cual te estás convirtiendo. Sé específico con todo lo que desees de la vida y colócale fechas creíbles, pero a la vez retadoras.

Tercer paso: **REPROGRAMAR**. En esta fase se encuentra el grupo de actividades que debes llevar a cabo diariamente para cambiar tus circuitos neuronales y, en consecuencia, la percepción de tu realidad para la consecución de tus objetivos. Te recuerdo algunas herramientas que te servirán de sustento y te ayudarán a mantener el enfoque de manera continua.

En un orden distinto a como te lo presenté, dividiré dichas herramientas en dos grupos para efectos de este resumen. En el primer grupo, encontrarás las **sensoriales**, a estas las he llamado así porque puedes incorporarlas a tu sistema a través de los sentidos; puedes tocarlas, verlas, escucharlas e incluso olerlas, dependiendo de tu creatividad:

- **Mapa de visualización**: Te ayudará a no perder de vista tus objetivos de vida, a generar la química apropiada para mantener tu vibración alta y a que tu cerebro normalice e integre tus sueños, paulatinamente, hasta convertirlos en su nueva realidad.

- **El calendario de las "X"**: Es una guía para mantener el enfoque y hacer seguimiento sobre las metas específicas que debes cumplir diariamente para alcanzar tus objetivos. Será de utilidad para prevenir la sensación de frustración ante la idea de haber hecho cosas que realmente no fueron ejecutadas con la constancia necesaria.

- **Objetos con propósito**: Son ideales para mantener tu objetivo principal de vida vivo, o el que más rápido desees cumplir. Intégralos en tu rutina diaria como parte de tu realidad.

- **Audiovisuales para el éxito**: Son grandes aliados en tu reprogramación mental, pues abarcan varios sentidos en conjunto; esto activa y estimula ciertas áreas y centros de ejecución que ayudan a aumentar la garantía de éxito.

- **Calendario de la felicidad**: Las actividades de este calendario mantendrán tu cuerpo inmerso en una bioquímica favorable para la incorporación de nuevas rutinas y aprendizajes. Será de ayuda para incrementar tus habilidades sociales y hacerte sentir parte de un grupo, lo cual para tu cerebro es sinónimo de vida, supervivencia y de que todo marcha bien.

- **La música y tu canción ancla**: Son ideales para mantener tu vibración y tu energía altas diariamente, en especial durante situaciones de "emergencia" donde necesites salir con rapidez de un estado de ánimo que te esté conduciendo a una emoción de baja frecuencia.

- **Reinvención de tus espacios físicos**: No hay nada más poderoso para reprogramar tu mente que aquello que tienes que ver todos los días de tu vida, desde que te despiertas hasta que te acuestas. Los espacios donde habitas son parte de eso, aprovéchate de ellos convirtiéndolos en una herramienta capaz de enviarte los mensajes exactos que deseas recibir, apoyándote en la decoración y el orden.

- **Folio del agradecimiento**: Este diario te ayudará a integrar con más rapidez la idea de lo afortunado que eres por tener lo que ya posees. Podrás entender que todas las crisis son oportunidades disfrazadas y por eso debemos agradecerlas desde el momento que llegan, aunque no siempre sepamos cómo han venido a ayudarnos. El agradecimiento por lo que tenemos abre las puertas para que nuevas cosas y situaciones lleguen a nuestras vidas.

El segundo grupo de herramientas son **actitudinales**, y también están orientadas a transformar la calidad de tus pensamientos.

- **Entrénate para la felicidad**: Al igual que desarrollas los músculos de tu cuerpo, puedes desarrollar los circuitos de tu cerebro para que siempre te conduzcan a ser feliz sin importar nada de lo que pueda pasar, y sin que tengas que mantenerte vigilando todas tus emociones de forma consciente.

Tus pensamientos, y cada uno de los estímulos a los cuales permitas darle entrada a tu vida, estarán determinándote. Así que no dejes entrar a cualquier cosa ni a cualquier persona que te robe la paz y te someta a esos posteriores y necesarios procesos de recuperación, a los que he llamado "períodos grises". Recuerda que ser feliz es una decisión que no depende de nada ni nadie más que de ti y **"Solo puede ser feliz siempre aquel que sabe ser feliz con todo"** Confucio.

- **Piensa en lo que quieres y no en cómo lo conseguirás**: Mantén el enfoque en el objetivo y no en la manera como lo alcanzarás.

- **Sé completamente irracional**: Todo lo que parece lógico y racional no es más que la consecuencia de un conjunto de creencias sociales propias de tu cultura y tu tiempo. Intenta pasar por encima de todo eso para que puedas ver lo que hay más allá.

- **Practica la visualización creativa**: Recuerda que tu cerebro no sabe diferenciar entre lo que ves y lo que imaginas. Además, no tolera las incoherencias, lo cual hace que permanezca constantemente intentando unificar realidades, y esto representa una gran ventaja para tus fines. Cada vez que tu realidad interior no se corresponda con lo que él ve en el exterior, este hará lo que sea necesario para alinearlas, y ganará la realidad que sea más fuerte. De ti depende dar más peso, importancia y enfoque a una o a la otra. Visualizar todo aquello que deseas, como si ya fuese parte de tu vida, es la mejor garantía de que eso se convierta en tu única realidad.

- **Sonríe**: Cuantas más veces sonrías y ejecutes hábitos que garanticen la liberación de neurotransmisores que te ayuden a encontrar bienestar y coherencia en tu vida, más rápido avanzarás en el camino que elijas transitar, y más difícil se hará regresar al punto en donde estabas, porque tu cerebro habrá cambiado en el proceso.

- **Elige tu nueva realidad**: Recuerda que la realidad no es lo que está fuera de ti, es lo que tú decidas que sea. Diseña una nueva realidad en tu interior y protégela de los espejismos del exterior.

- **Hazlo hasta que te lo creas**: Si quieres ser alguien nuevo, mantén la postura, usa el lenguaje y ejecuta las acciones que esa persona realizaría en todos los aspectos de su vida, hasta que te conviertas en ella y ya no puedas recordar cómo eras antes. Al principio será extraño, pero luego será extraordinario, te verás y sentirás fluyendo de forma natural hacia tus objetivos. Recuerda que nos educaron para las necesidades de otras épocas, debemos reeducarnos y entrenarnos hasta convertirnos en alguien que pueda moverse fácilmente bajo las nuevas condiciones de esta época, pues la educación académica no lo está haciendo.

- **Elige tu gente**: Te conviertes en el promedio de quienes te rodean. Nos readaptamos y reprogramamos constantemente de acuerdo al entorno como una forma de supervivencia. Si no quieres parecerte a quienes conforman tu círculo social, crea o busca otro que contribuya a convertirte en la persona que deseas ser. No eres un árbol, puedes moverte todas las veces que lo desees y todas las veces que lo necesites.

- **Recibe con amor a las enfermedades que te aquejan**: Recuerda que son amigas mensajeras que han venido a decirte que debes reconsiderar tu proceder. Recíbelas con amor, pregúntales a qué vinieron y luego déjalas ir. Mientras tanto, no desestimes la ayuda de la medicina convencional.

- **Edúcate para el éxito**: Solo con educación lograrás acceder a un mundo de oportunidades que, de otra manera, permanecerá oculto para ti.

Por último, recuerda la importancia de **ACTUAR** en consecuencia con los mensajes que recibes de tu interior. Tu energía es sabia y reconoce el momento, el tiempo y el espacio donde ciertas acciones tienen cabida, aprovecha tus **brotes energéticos**.

Obedece a esa energía, a ese yo superior, obedece a tu corazón y confía. Actúa, aunque no parezca lógico, aunque no puedas ver todo el recorrido, aunque vaya en contra de lo que te dijeron que era posible.

Este es tu momento

Pon atención a las señales

Cuando era una niña mi padre siempre me contaba la historia de un hombre que había naufragado en una inundación. Este le pedía a Dios que lo rescatara mientras esperaba en lo alto de un campanario, su fe era inmensa e inamovible, sabía que Dios no le fallaría.

Mientras esperaba, llegó un hombre en una pequeña balsa y lo invitó a subir, sin embargo, el náufrago dijo que prefería esperar, pues sabía que Dios vendría a su rescate.

Al cabo de unas horas pasó otro hombre con una lancha y también lo invitó a subir, pero de nuevo dijo que no, porque Dios le ayudaría. Un poco más tarde pasó un helicóptero con intención de rescatarle y, una vez más, rechazó la ayuda a cambio de seguir esperando el rescate de Dios.

Al día siguiente, el agua subió tanto su nivel que el hombre murió ahogado. Cuando llegó al cielo le preguntó a Dios por qué no lo había ayudado y por qué lo había dejado morir. Dios le dijo: "Te mandé una balsa, una lancha y un helicóptero, pero tú no quisiste subirte".

Esta historia es la manera que elegí para decirte que debes actuar cuando el impulso o la oportunidad lleguen. Recuerda que el objetivo que deseas alcanzar lo eliges tú, pero la manera como vas a llegar a él lo elige la vida, un poder superior, Dios, el universo o como quieras llamarlo.

Es posible que, al igual que le sucedió al náufrago, las maneras que te presente la vida para alcanzar tus sueños no coincidan con lo que tú suponías que tenía que pasar, pero eso no es importante, lo importante es que confíes en que esas maneras también son buenas y que no pretendas tener control sobre ellas. Tú ocúpate de mantener el enfoque en lo que quieres y actuar en consecuencia.

A veces naufragamos en el mar de nuestras creencias, las cuales nos hacen pensar que todo es complicado y difícil. Con esto quiero decir que, a pesar de que estamos diariamente rodeados de "balsas, lanchas y helicópteros", no somos capaces de verlos, o de entender cómo es que estos nos pueden ayudar en la consecución de nuestros objetivos. Y por eso, al igual que el náufrago, los rechazamos sin darnos cuenta de que son la ayuda que estábamos esperando para llegar a donde queríamos, incluso cuando nuestra intuición nos grita que tomemos esa ayuda preferimos dejarla pasar sin confiar en la capacidad que tiene la vida para ponernos delante todo aquello que necesitamos.

Con frecuencia vemos gente que logra lo que quiere, mientras nosotros pensamos: "si yo pudiera...", y no nos damos cuenta de que **esa gente es una de las formas que tiene la vida para decirnos: "Tú también puedes, ¿acaso no ves que ellos son exactamente iguales a ti?"**.

Vemos pasar las oportunidades a lo lejos sin sospechar lo cerca que están, y sin darnos cuenta de que el lente que estamos usando distorsiona nuestra percepción de la distancia, sin llegar a imaginar que, si tan solo estirásemos la mano, podríamos acceder a esas oportunidades con las que tanto soñamos. Ese "lente" son nuestras creencias restrictivas.

La mayor garantía que podríamos tener de que vamos a llegar a donde queremos es haciendo ahora mismo lo que sabemos que tenemos que hacer, y **cuando no sabes si debes hacer algo o no, generalmente es porque lo tienes que hacer.** Así que cuando tengas una idea, un presentimiento, corazonada o intuición, ¡actúa, ejecuta, avanza! **Las cosas no siempre van a ser fáciles, pero lo que necesitamos es que sean posibles.**

Nunca estarán todos los semáforos en verde, quizá nunca se vea todo lo suficientemente alineado, ni en las condiciones perfectas para actuar, pero el momento lo haces tú.

Un ejemplo de eso es este libro. Desde que era pequeña siempre me había gustado escribir, y por eso siempre he tenido trabajos y hobbies donde mis habilidades de escritora me daban una ventaja importante, de hecho, llegué a trabajar unos 5 años como editora de una revista. Luego, por circunstancias de la vida, pasé varios años sin escribir nada y un año sin hablar debido a una condición que desarrollé por no haber hecho caso a mi intuición a tiempo.

Aunque sabía que lo que no se usa se olvida, nunca pensé que llegase a ser tan grave. Sin darme cuenta, en aquella pausa perdí mis facultades de escritora y las de comunicarme en general.

Me entristecí enormemente el día que me di cuenta de lo que me estaba pasando y de lo mucho que me costaba escribir y decir frases coherentes en cualquier situación de la vida cotidiana. ¡Ni hablar de dar conferencias de nuevo, o escribir algo para un público! Fue como empezar de cero, ya no me sentía escritora ni oradora, había perdido dos de los talentos que más me enorgullecían de mí.

Sin embargo, quería llevar mi mensaje a quien pudiese necesitarlo. Así que un día comencé a practicar con párrafos pequeñitos para una red social, y luego unos más largos para leer en unos mensajes de voz que mandaba a mi comunidad, hasta que poco a poco fui recuperando la voz y la capacidad de hablar coherentemente.

Lo relevante de esta historia es que puede que aún esté lejos de ser la escritora que era, sin embargo, este fue el momento que elegí para escribir mi libro. Sí, en el punto de mi vida con la peor capacidad de comunicar que nunca antes había tenido.

La Bea perfeccionista de antes hubiese seguido practicando su escritura unos años más hasta recuperar sus habilidades por completo, pero este era mi momento; no era lógico, no parecía ideal, pero lo hice. Mi libro no es perfecto, pero decidí no esperar a que se pusieran todas las luces en verde.

Lo mismo sucedió cuando decidí ser madre, luego de 20 años de trabajo ininterrumpido en el mundo corporativo y de haber alcanzado cierta estabilidad económica en mi vida. Lo escogí y lo sentí en mi corazón justo cuando no tuve trabajo, casa, ni automóvil propio, y siendo emigrante de nuevo. No parecía el mejor momento para iniciarme en la maternidad, ni el más lógico, pero fue el momento perfecto para mí.

No dejes que tu vida se detenga porque no parezca el momento, ¡el momento lo haces tú! Y una de las principales características de las personas con éxito es que ejecutan sus ideas con rapidez. Además **"casi cualquier decisión es mejor que ninguna decisión en absoluto"** Brian Tracy. **Las decisiones, incluso cuando son**

erradas, mantienen el ciclo energético vivo.

Sigue a tu corazón, eres sabiduría pura en su máxima expresión y **no decidir puede ser la peor decisión de tu vida, así que ¡confía!**

No importa la edad que tengas, estás a tiempo.

No importa tu situación económica, recuerda que una cosa es no tener dinero y otra es ser pobre. La primera es un punto en el tiempo, la segunda te sentencia.

No importa, en lo absoluto, de donde vengas, importa a dónde vas.

No importa tu pasado, porque él no podrá determinar tu futuro.

No importa tu físico, importa tu actitud.

No importa quién fuiste, importa quién serás desde hoy en adelante.

No importa que no entiendas cómo vas a llegar a donde quieres llegar, importa que te lo creas.

No importa absolutamente nada si hoy mismo decides mandar todo al carajo y convertirte en la persona que siempre pudiste haber sido.

Caminando en el aire

Antes de despedirme, quiero compartir contigo una sensación que tuve en aquellas semanas en las cuales decidí reinventarme para curarme. Quiero hablarte de ella por si aún no la has tenido nunca, para que puedas reconocerla cuando te la encuentres de frente; así podrás afrontarla sin miedo, sabiendo que alguien la sintió antes que tú y le fue bien. A esta sensación la he llamado: "caminar sobre el aire".

En aquel momento, cuando supe que tenía que sustituir mis creencias y mi manera de actuar, a cambio de mantener viva la esperanza de recuperar mi salud, sentí que estaba trabajando en un objetivo tan idealista y fantasioso como llegar a pensar que podría caminar sobre el aire.

Pasar de la enfermedad a la cura, actuando solo como si fuese feliz, representaba para mí algo tan inverosímil como lo sería ir de la ventana de un edificio a otro sustentándome únicamente en la creencia de que podía hacerlo; a pesar de que todas las evidencias demostraran que no era posible. Aun así, elegí llevar aquel plan a cabo y tomé la que para mí era la última alternativa disponible para salvarme.

Metafóricamente hablando, me puse delante de esa ventana y elegí dar un paso fuera, sin mirar hacia abajo, porque sabía que eso significaría reencontrarme con la creencia de que aquello no era posible. Entonces avancé sin detenerme y caminé durante un tiempo, lo hice escuchando solo mi intuición y confié en que cosas nuevas y desconocidas eran posibles si elegía creer en ellas.

Cuanto más avanzaba, más creía en mí, y más me convencía de que caminar en el aire era posible. Pero un día, algo que provenía de la realidad exterior rompió con mi enfoque interior y me hizo dudar. En ese momento miré hacia abajo y vi el vacío. Inmediatamente cerré los ojos, asustada y convencida de que empezaría a sentir la caída libre, y me preparé para estrellarme contra el suelo. ¡Pero eso nunca sucedió!

Justo en aquel momento me di cuenta de que mi recorrido en aquel pequeño trayecto, de ventana a ventana, había terminado. Cuando me fijé mejor en lo que estaban pisando mis pies, noté que aquel último paso que había dado, mientras cerraba mis ojos, llena de miedo, me había llevado a mi destino.

Esta metáfora intenta explicar cómo tuve que abandonar todo aquello que consideraba seguro y real, para comenzar a transitar por un camino que aparentemente no era posible recorrer. La ventana de salida era mi enfermedad, la ventana de llegada mi cura, y el momento de miedo fue aquel día de espera, antes de escuchar a mi médico decir que ya estaba curada.

Entendí que mi única realidad era aquella que yo decidiese vivir, y aquello en lo cual eligiese creer reiteradamente por el resto de mi vida. Podría seguir transitando los caminos lógicos y seguros de siempre, y mantenerme alejada de mis sueños eternamente, o podría seguir caminando en el aire, sin mirar hacia abajo nunca más.

Puede que algo así te haya pasado o te pase a ti, quizás tengas que enfrentarte a un reto tan grande que te parezca igual de imposible que caminar en el aire; puede que al igual que yo, sientas miedo de intentar algo tan arriesgado como ir en contra de tus creencias de vida. No obstante, es mi obligación decirte que las mejores cosas están al otro lado del miedo, y que puedes caminar sobre el aire y llegar así a cualquier sitio que te propongas. Tú solo avanza hacia la meta y no mires hacia abajo.

Un cohete no fue construido para permanecer en su

base, aunque allí esté seguro, fue construido para tocar las estrellas. Tú no estás aquí para una vida promedio, sino para una vida extraordinaria, no te conformes con menos de eso.

Elije ser feliz cada día de tu vida, y mantente cerca de todo aquello que pueda hacer esta emoción sostenible. Aléjate urgentemente de todo lo que te desconecta de tu sabiduría, te roba la paz, te hace daño y te atrasa, hazlo sin contemplación y sin segundas oportunidades, **cuando la emoción no sea buena, no repitas la dosis**.

La felicidad es esa sensación de caminar en el aire que puedes elegir tener cada día de tu vida, yendo por todos aquellos objetivos que deseas alcanzar; y el miedo es aquello que sentirás cada vez que elijas mirar hacia abajo innecesariamente. **La vida me ha enseñado que los milagros forman parte del día a día, pero también me ha enseñado que los milagros solo le pasan a quienes creen en ellos.** Cree en ti, eres lo único seguro que tienes y eso es genial, porque no dependes de nada ni nadie.

Espero que hayas disfrutado este libro y que haya contribuido a aumentar tu bienestar en algún aspecto, ya que esa es la única razón de su existencia. Esta es una de las maneras que encontré de retribuirle a la vida todo lo que me ha dado.

Espero, sinceramente, que encuentres el camino hacia todos tus sueños. Recuerda que cuando te dispones a escuchar, la vida te empieza a hablar; cuando te dispones a recibir, la vida te empieza a dar; y cuando te dispones a confiar, la vida te empieza a abrazar.

Con amor, Bea.

Bibliografía

Llay, Phillippa. "How are habits formed: Modelling habit formation in the real world".

Maltz, Maxwell. "Psycho Cybernetics".

Stamateas, Bernardo. "Gente Tóxica".

Pascual-Leone, Álvaro. Publicaciones varias.

Dispenza, Joe. "Deja de ser tú".

Hay, Luise. "Usted puede sanar su vida".

Byrne, Rhonda. "The secret".

Desbloquea tu sabiduría, cambia tu vida

Regalo

Ejercicio de 7 vídeos para reprogramar tu mente

Para complementar este libro, he preparado para ti una pequeña serie de vídeos que completan un poderoso ejercicio de autoconocimiento y reprogramación mental, llamado **REPROGRAMA TU MENTE.**

Para recibirlo, tan solo escanea este código con tu teléfono móvil e ingresa tu mejor dirección de correo electrónico:

Regalo

Desarrollo de la intuición para los negocios y la vida

Si este libro ha sido de valor para ti, por favor **deja una reseña** en esta plataforma, solo así podrás ayudarme a darle visibilidad para que llegue a más personas que lo puedan estar necesitando.

En agradecimiento, te haré llegar una Masterclass, **totalmente gratuita**, donde te revelo las técnicas y claves fundamentales para **desarrollar tu Intuición** y tomar buenas decisiones en todos los aspectos de tu vida.

Envía la foto de tu reseña al mail bettybettyga@gmail.com colocando el título: "RESEÑA ERES REEDITABLE"

Ente de cambio

Cada vez que hagas una publicación, fotografiando la portada o alguna página de este libro, participarás en sorteos periódicos para ganar sesiones privadas de **REGRESIONES GUIADAS PARA DESBLOQUEAR CREENCIAS LIMITANTES QUE TE ESTÁN IMPIDIENDO AVANZAR.**

De esta forma me ayudarás a crear un efecto multiplicador de expansión de consciencia y a transformar vidas.

Para esto debes:

Mencionarme en la publicación que hagas, por ejemplo, stories o post: @beagarciaares

Mencionar al libro: #ERESREEDITABLE

Escribirme un mensaje privado que diga "Soy un ente de cambio".

¡Cuéntame tu historia!

Si este libro te ayudó a mejorar tu vida en algún aspecto, te trajo algún beneficio o te llevó a vivir alguna historia mágica inesperada, **me gustaría que compartieras esa experiencia conmigo** en bettybettyga@gmail.com

Todas estas historias, serán consideradas para desarrollar contenido y ofrecer inspiración a nuevos lectores, algunas de ellas podrían ser publicadas en un futuro libro.

Desbloquea tu sabiduría, cambia tu vida

Acompáñame en mi camino

Si te gustan las historias inspiradoras y llenas de resiliencia, te invito a escuchar mi **Podcast "Lo Puedes Lograr"** en:

YouTube, Spotify, Google Podcast, Apple Podcast, Ivoox, Anchor, Breaker, RadioPublic y Pocket Casts.

Si he aportado valor a tu vida, te invito a seguirme en

@beagarciaares

www.ingramcontent.com/pod-product-compliance
Lightning Source LLC
Chambersburg PA
CBHW060823220526
45466CB00003B/955